이상할지 모르지만 과학자입니다

곤충의 교미

KONCHU NO KOBI HA, AJIWAI BUKAI...
by Yoshitaka Kamimura

Copyright (c) 2017 by Yoshitaka Kamimura
Compilation Copyright (c) 2017 by Yoshitaka Kamimura and Iwanami Shoten, Publishers
First published 2017 by Iwanami Shoten, Publishers, Tokyo.
This Korean printed edition published 2019
by Book21 Publishing Group., Paju-si
by arrangement with Iwanami Shoten, Publishers, Tokyo
through Eric Yang Agency, Seoul.

곤충의 교미

박유미 옮김
최재천 감수
가미무라 요시타카 지음

arte

교미 중인 집게벌레 여러 쌍을 액체질소로 급속 냉동해 해부하는 곤충학자!
엽기적이지 않은가요? 이상할지 모르지만, 과학자입니다. 저자는 "졸업논문
은 너무 힘들어"라고 하지만, 민벌레의 교미와 교미기를 연구해 박사학위를
받은 제게 졸업논문은 너무 재미있는 과정이었습니다. 주삿바늘 같은 교미기
로 암컷의 배를 찔러 정자를 전달하는 빈대부터 페니스까지 갖춘 다듬이벌레
암컷까지, 곤충의 사랑을 엿보는 일은 흥미진진할 겁니다.

- 최재천 생명다양성재단 대표, 이화여대 생명과학부 석좌교수

과학자들은 왜 곤충의 교미를 탐구하는 걸까요? 왜 변태처럼 그들의 짝짓기를 민망하리만치 사실적으로 묘사하고, 암컷과 수컷이 교미하는 과정을 적나라하게 화면에 담는 걸까요? 도대체 과학자들은 왜 '곤충들의 포르노'를 찍는 걸까요?

아마도 '주체할 수 없는 호기심' 때문일 겁니다! 그게 바로 우리 과학자들이니까요. 이상하게 보이시겠지만, 집요하리만치 사실적으로 곤충의 교미기를 연구하고, 우리와는 전혀 다른 그들의 성기를 탐구하는 과정에서 우리는 이 세상이 얼마나 경이로움으로 가득 차 있는지 깨닫게 됩니다. 그들의 '변태적인 호기심'이 오늘날의 과학 발전을 이렇게 이끌어 온 것이니까요. 그들의 이상한 호기심을 맘껏 즐겨 주시길. 당신도 곧 과학자들의 독특한 매력에 흠뻑 빠지게 될 겁니다.

- 정재승 뇌과학자, 『과학콘서트』, 『열두 발자국』 저자

곤충 교미기 퀴즈

다음 사진은 다양한 곤충 수컷의 교미기이다.

A~F 중 장수잠자리, 왕사마귀, 참매미, 호랑나비, 애사슴벌레,

곰개미 수컷의 교미기는 각각 어느 것일까?

정답은 이 책 구석구석에 숨어 있으니 찾아보기 바란다.

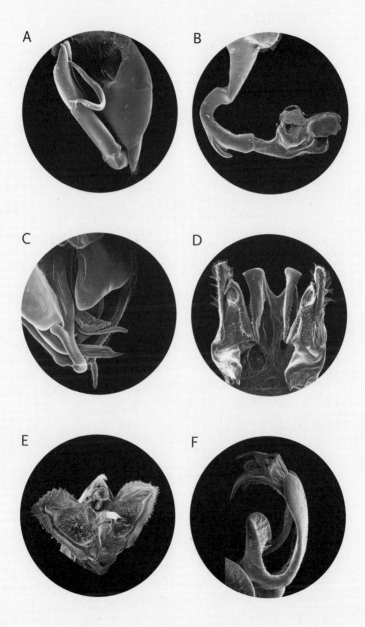

시작하며

나는 철이 들면서부터 곤충과 물고기를 좋아했다.

"저는 곤충을 연구합니다"라고 하면 사람들은 어릴 적 꿈을 실현한 것이 부럽다는 듯이 "꿈을 이루셨네요", "멋집니다"라며 인사를 건네는 경우가 많다.

"곤충에 대해서는 어떤 연구를 하시나요?"

"곤충의 교미를 연구합니다."

"……."

하지만 '곤충 박사'가 '곤충 교미 박사'가 되는 순간 사람들의 반응은 달라진다.

'뭐야, 이 사람. 좀 이상한데?'

연구 주제가 주제인 만큼 사람들은 색안경을 끼고 보기 마련이다. 하지만 곤충은 대부분 우리 인간과 마찬가지로 수컷과 암컷이라는 두 가지 성으로 살고 있어, 교미를 하지 않으면 멸종될 것이다.

개체수로 보면 곤충은 지구상에서 가장 번성한 생물로, 천만 종에 이른다고 알려져 있다. 당연히 외형이 비슷한 종류도 많다. 그러나 교미기는 매우 빠르게 진화했기 때문에 교미기 형태를 보면 대개 금방 구분된다. 교미기 연구는 곤충 분류에서도 중요하다.

그러면 왜 교미기 형태가 빨리 진화한 걸까? 궁금증이 솟구치기는 하지만 그런 어려운 문제를 풀기 위해 교미 연구를 시작한 것은 아니다.

자, 여기서 퀴즈! 이 책 첫머리에 실린 사진은 인간과 가까운 곤충(사슴벌레, 개미, 매미, 나비, 잠자리, 사마귀) 수컷의 교미기이다. 어느 것이 어떤 곤충의 교미기인지 알아보겠는가? 자신만만하게 이 퀴즈의 정답을 모두 맞힌다면, 당신도 상당히 이상한 사람이다.

모르는 것이 당연하다. 인간과 친근한 곤충이라고 해도 그들의 교미기를 본 사람은 거의 없을 테니까. 그런데 여러 곤충의 교미기를 죽 늘어놓고 보니 교미기 모양이 한결같이 이상하다. 구불구불한 튜브 모양, 좌우비대칭인 가시 모양, 가지런히 늘어선

톱니 모양……. 나는 곤충의 교미기가 이렇게 이상하게 생겼다는 점에 매료되었다.

 "모양이 왜 이런 거야?" 이런 소박한 궁금증에서 시작했지만, 시행착오를 겪으며 "생물에게 성이란 무엇인가? 진화란 무엇인가? 그리고 살아 있다는 것은 어떤 것인가?" 같은 질문으로 이어졌다.

 교미기의 불가사의한 모양에는 곤충들의 놀라운 진화 역사가 담겨 있다. 그 과정을 더듬어 가면서, 독자 여러분도 곤충의 교미기, 그 심오한 세계를 느껴 보기 바란다.

차례

시작하며 10

제1장 수컷과 암컷, 그리고 교미

수컷은 왜 수컷일까? 19

다윈의 고민 23

암컷에 얹혀사는 정자 — 옛 곤충의 성생활 28

위에서? 아래에서? — 다양한 교미 자세 32

1000만 종류 곤충, 1000만 가지 교미기 37

[읽을거리] 연구자들이 이런 일까지 한다고? 41

제2장 교미를 둘러싼 끝없는 공방

수컷들의 번식 전략 — 정자를 긁어내는 잠자리 45

코르크 마개를 뽑듯이 — 긁어내기에 맞서는 사향제비나비 49

내 몸을 선물로 줄게 — 사마귀의 교미 54

죽어도 좋아! — 꿀벌의 교미 56

역시 크기가 문제야 58

[읽을거리] 곤충의 성전환과 암수 모자이크 62

제3장 너무나 긴 교미기의 비밀

새끼를 끔찍이 사랑하는 곤충, 집게벌레 67

졸업논문은 너무 힘들어 70

암컷이 더 길다 73

모양도 용도도 귀이개? 78

예비 교미기를 가진 벌레 81

왜 두 개일까? 85

왼쪽을 쓸까, 오른쪽을 쓸까? 87

유전이냐, 습관이냐 — 새로운 진화 이론을 만나다 92

제4장 북쪽으로 남쪽으로, 새로운 수수께끼와 만나다

다시 '두 개'라는 것이 문제 99

왜 가시로 정자를 전달하게 되었을까? 106

동경하던 열대 아시아로 108

빈대의 '피하주사' 교미 113

발견! 수수께끼 같은 더블 암컷 117

찌를 것인가, 찔릴 것인가 123

수컷은 왜 암컷에게 상처를 입힐까? 127

[읽을거리] 현장을 덮쳐라!

— 교미 중인 곤충을 고정시켜 관찰하는 법 132

제5장 주역은 암컷! ― 교미 연구의 최전선으로

암컷은 왜 여러 수컷과 교미할까? 137

양보다 질 ― 암컷의 취향에는 이유가 있다 143

정자 바꿔치기의 황금비율 147

은밀하고 심오한 암컷의 선택 153

심오한 '맞물리기'의 수수께끼 156

더 깊숙하게 162

암컷에게 페니스가? 165

맺으며 171

[부록] 곤충의 교미기와 정자를 살펴보자! 174

그림 출처와 참고 문헌 176

제1장

수컷과 암컷, 그리고 교미

수컷은 왜 수컷일까?

~~~

곤충의 불가사의한 교미, 다양한 형태의 교미기genitalia 세계에 다가가려면 먼저 '수컷과 암컷이란 무엇인가'를 알아야 한다. 이 것은 의외로 어려운 문제다.

나는 대학에서 문과 계열 학생들에게 생물학을 가르친다. 성을 다룰 때면 늘 하는 질문이 있다. 남학생에게 "왜 자신이 수컷이라고 생각하시요?" 하고 물어보는 것이다. 그러면 질문을 받은 학생은 대답할 거리가 궁한 듯 머뭇거리다가 작은 소리로 "달려 있으니까……"라는 둥 다양한 답을 내놓지만 정답을 듣는 경우는 드물다.

"물고기도 수컷과 암컷으로 나뉘지만, 수컷 물고기에게는 페니스가 없는데?"

많은 사람이 자신을 여자(암컷) 혹은 남자(수컷)라고 인식한다. 하지만 성을 구별하는 생물학적 정의는 의외로 잘 알려져 있지 않다.

난자와 정자라는 두 세포가 만나 새로운 생명체를 탄생시키는 방식을 유성생식이라고 한다. 생물학에서는 '난자를 만드는 쪽이 암컷', '정자를 만드는 쪽이 수컷'이라고 정의한다.

그렇다면 난자와 정자는 어떻게 구분할까?

"그거야 쉽지. 정자에는 편모가 있어서 헤엄칠 수 있잖아!"라고 대답하고 싶겠지만, 편모가 없어서 헤엄을 칠 수 없는 정자를 만드는 동물도 있다. 곤충을 예로 들면 흰개미류 대부분이 그렇다. 이런 경우 난자와 정자는 단지 크기만 달라 보인다.^{그림 1-1}

그렇다. 정자와 난자는 크기로 구분한다. 정자나 난자처럼 차세대를 만들기 위한 세포를 배우자配偶子라고 하는데 '큰 배우자(난자)를 만드는 것이 암컷, 작은 배우자(정자)를 만드는 것이 수컷'이다.

이처럼 지극히 단순한 정의에 따라 우리는 '수컷' 혹은 '암컷'이 되는 것이다. 하지만 수컷과 암컷은 일반적으로 배우자의 크기 이외에도 몸의 구조와 행동 등 다양한 차이를 가진다.

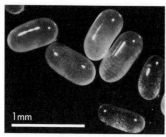 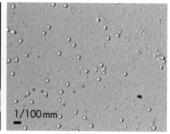

1mm 1/100mm

| 그림 1-1 | 일본흰개미*Reticulitermes speratus*의 정자와 난자다. 어느 쪽이 난자일까? 정답은 왼쪽이다. 두 사진의 크기에 주목하면 알 수 있다.

장수풍뎅이의 경우를 살펴보자. 수컷에게는 훌륭한 뿔이 돋아 있어서 외관으로 바로 구별된다. 여름날 초저녁에 장수풍뎅이 두 마리를 한 상자에 넣어 두었다. 이때 둘 다 수컷이라면 뿔을 사용해서 싸움을 시작할 테지만, 수컷과 암컷이라면 둘 사이에 어떤 일이 일어날까?

수컷은 암컷의 존재를 알아챈 즉시 맹공격을 개시한다. 암컷은 대체로 피해 다닌다. 겨우 암컷을 잡는 데 성공하면 수컷의 복부 끝에서 교미기가 나오는데, 암컷이 뒷다리로 수컷을 걷어차기 때문에 교미가 좀처럼 이루어지지 않는다.그림 1-2 수컷은 걷어차이면서도 암컷의 등에 악착같이 매달려 "끼익끼익" 소리를

| **그림 1-2** | 교미기를 꺼내 암컷에게 다가가 교미를 시도하는 수컷 장수풍뎅이. 장수풍뎅이의 교미를 관찰하는 요령은 암컷의 등에 수컷을 살짝 올려놓는 것이다.

낸다. 바로 수컷의 복부가 팽창과 수축을 반복하면서 나는 소리다. 수컷이 암컷을 구슬리기 위해 계속 울어 대도 암컷이 복부 끝을 열어 주지 않는 한 교미는 이루어지지 않는다.

이쯤 되면 관찰자는 장수풍뎅이와 끈기를 겨루어야 할 판이다. 이러다가 한 시간이 훌쩍 지나서 갑자기 교미를 시작하기도 한다. 수컷이 몸을 좌우로 격렬하게 떨며 교미기를 암컷의 몸에 찔러 넣으면, 그토록 날뛰던 암컷이 갑자기 움직임을 멈춘다. 교미는 평균 40분 정도 계속된다. 교미 시간이 긴 편이지만 곤충 세계에서는 시간이 더 걸리는 종류도 많다.

이상할지 모르지만 과학자입니다: 곤충의 교미

이 장수풍뎅이의 예를 보면 수컷에게는 뿔이 있고 수컷이 암컷보다 교미에 더 적극적임을 알 수 있다. 이런 경향은 유성생식을 하는 동물에서 전반적으로 나타난다.

생식선(난소와 정소)과 교미기 이외에 나타나는 이와 같은 암컷과 수컷의 차이를 '성적이형性的異型'이라고 한다. 인간으로 말하면 신장, 목소리의 톤, 체모의 밀도 등으로 나타나는 남녀의 차이가 성적이형이다.

다윈의 고민

~~~~

그러면 성적이형은 왜 진화하는 것일까? 이는 그 위대한 다윈까지도 괴롭혔던 수수께끼다. 영국의 생물학자 찰스 다윈(Charles Darwin, 1809~1882)은 『종의 기원』을 통해 '자연도태(Natural Selection, 자연선택이라고도 함)에 의한 적응적 진화'라는 이론을 확립한 '진화론의 아버지'이다.

① 같은 종류의 생물에게도 다양한 변이가 나타난다.(변이)

② 나타난 변이는 유전되는 경우가 많다.(유전)

③ 그 차이에 따라 생존 확률과 번식 확률이 달라진다.(도태)

'변이', '유전', '도태'. 이 세 가지가 갖추어지면 환경에 적응한 생물은 자신이 원하는 대로 진화한다.

다윈이 간파한 것은 실로 단순하고 보편적인 메커니즘이다. 유전자의 실체가 DNA라는 사실이 증명되고 그 구조가 판명된 것은 20세기 중반이다. DNA 구조를 알지 못한 상황에서 유전자의 본질을 꿰뚫어 본 것은 순전히 다윈의 혜안 덕분이다.

변이, 유전, 도태를 좀 더 이해하기 쉽게 예를 들어 보겠다.

술에 강한 사람과 약한 사람이 있다.(변이) 이런 기질은 유전자의 영향을 상당히 많이 받는다.(유전) 일본에 있는 모든 물이 술로 변한다면, 나처럼 술에 약한 사람들은 유전자를 후손에게 물려주기 전에 죽을 것이다.(도태) 그러다 보면 술에 강한 사람만 남게 된다.(적응)

이 과정에 '나는 술에 약하기 때문에 유전자를 후손에게 물려주어서는 안 된다'라는 배려나 의지는 필요 없다. 살충제를 뿌려도 간혹 죽지 않는 변이종 곤충이 유전자를 다음 세대로 전달할 때 이 곤충에게 화학 지식이 필요 없는 것과 마찬가지다.

오늘날에는 돌연변이가 바로 진화의 원료, 즉 '유전자 변형'의 공급원이라고 알려져 있다. 돌연변이란 DNA가 복제를 반복하는 과정에서 발생한 오류를 복구하지 못해서 DNA에 기록된 유전정보가 변하는 것이다.

돌연변이는 30억 년이나 되는 진화의 역사를 살아 낸 생물의 설계도를 아무렇게나 바꿔 버린다. 그렇기에 돌연변이가 DNA 소유자의 생존과 번식에 영향을 줄 경우 대체로 좋은 결과로는 이어지지 않는다. 생물은 원하는 대로 직접 설계도를 그리거나 원하는 대로 단번에 진화할 수 없는 존재다.

여기서 성적이형이라는 수수께끼로 돌아가 보자. 예를 들어 사슴벌레 수컷의 잘 발달된 큰턱을 생각해 보자. 수컷은 좁은 틈으로 도망갈 때 집게 모양 큰턱이 방해가 되어 제대로 달아나지 못한다. 따라서 곤충 채집 중인 아이와 같은 외부의 적에게 잡히기 쉽다. 게다가 큰턱이 적과 싸우는 데 도움이 된다면 왜 암컷은 큰턱이 작은지 이유를 설명할 수 없다(사실 산란을 준비하기 위해 썩은 나무를 파내는 데 쓰는 암컷의 큰턱에 물렸을 때 더 아프기는 하다).

수컷 인도공작*Pavo cristatus*의 멋진 꽁지깃도 마찬가지다. 인도의 숲속에서 그토록 눈에 띄는 꽁지깃을 치켜세우고 걸어 다니는 것도 상당히 위험해 보인다. 이처럼 생존에 불리해 보이는 무기나 장식이 일반적으로 수컷에게만 발달한다는 사실에 대해 다윈은 한동안 고민했다.

다윈이 간파한 적응 진화의 원리를 생각해 보자. 단지 살아남기만 해서는 자손에게 유전자를 물려줄 수 없다. 비록 무기나 장식용 기관이 생존율을 다소 떨어트린다고 해도 번식 성공률을 높여 준다면 진화할 수 있는 것이다. 즉 무기와 화려한 장식은 배우자를 둘러싼 싸움에서, 그리고 배우자를 유혹하는 데 도움이 된다.

그런데 서로 다투면서까지 적극적으로 이성에게 구애하는 것은 왜 항상 수컷일까?

일반적으로 수컷은 상대만 찾으면 계속해서 교미할 수 있으므로 많은 자식을 남길 수 있다. 반면에 암컷은 교미할 상대가 늘어난다고 해도 그에 비례해서 자식의 숫자를 늘리기는 어렵다. 사실인지 아닌지 확인할 수는 없지만, 옛날 어느 나라의 황제는 자식을 천 명이나 남겼다는 이야기도 전해진다. 어쨌든 남성의 경우에는 아내가 많으면 가능한 일이지만, 여성에게는 생물학적으로 도저히 일어날 수 없는 일이다.

곤충도 마찬가지다. 수컷은 보통 교미 한 번으로 암컷이 평생 배출할 난자와 전부 수정하고도 남을 정도로 엄청난 양의 정자를 건네준다. 자세한 내용은 뒤에서 언급하겠지만, 암컷은 받은 정자를 저장할 수 있으므로 더 이상 교미할 필요가 별로 없다.

선택된 일부 수컷은 많은 자식을 남길 수 있다. 동물 전반에서 수컷은 '교미에 적극적이며 암컷을 놓고 다투는 성', 암컷은 '교미에 소극적이며 구애 상대를 음미하는 성'이 되어 버린 주요 원인이다. 이처럼 이성 또는 이성인 배우자를 둘러싼 도태를 '성도태'라고 한다.

교미에 대한 수컷과 암컷의 생각은 좀처럼 일치하지 않는다. 이것을 '성적 대립'이라고한다. 이제부터 살펴보겠지만 이는 성을 둘러싼 다양한 진화의 원동력이 되고 있다.

장수풍뎅이의 뿔이 수컷에게만 있는 이유도, 암컷이 도망 다니며 수컷을 걷어차는 이유도 이와 관련된 듯하다.

암컷에 얹혀사는 정자 — 옛 곤충의 성생활

~~~~~

수컷과 암컷이 다양한 차이점을 보이는 근본적인 원인을 찾다 보면 앞서 말했던 것처럼 '정자는 작고 난자는 크다'라는 단순한 사실에 이르게 된다. 그런데 이 두 생식세포가 만나기 위해 교미가 반드시 필요한 것은 아니다. 물고기들의 수정은 대부분 물속에서 암컷이 산란을 하고 수컷이 그 위에 정자를 뿌림으로써 이루어진다. 이처럼 체외수정을 하는 동물은 교미와는 무관하다.

한편, 육상동물은 쉽게 건조해지는 정자를 보호하기 위해 암컷의 체내로 정자를 직접 보내거나, 정자 꾸러미를 만들어 암컷에게 전달해야 한다. 육지 생물 중 가장 다양한 개체를 가진 곤충도 예외는 아니다(단 고래와 고둥 등은 물속에서 교미를 하므로 교미가 육상동물의 전매특허는 아니다).

곤충류(좁은 의미의 곤충류를 뜻하는 곤충강Insecta)는 약 4억 4000만 년 전에 이 지구에 등장했다. 곤충류 조상은 어떤 성생활을 했을까? 가장 원시적인 형태로 남아 있는 곤충류는 이끼 낀 숲의 주인 돌좀목Archaeognatha이며, 그다음으로 원시적인 것은 고서를 비롯한 책을 먹어 치우는 해충인 좀류Thysanura이다.
그림 1-3, ①, ②

이들 대부분은 교미를 하지 않는다. 수컷은 실을 뿜어낸 뒤 그 위에 정자가 들어 있는 정포精包라는 꾸러미를 내려놓는다. 그리고 열심히 구애의 춤을 추며 암컷을 정포 쪽으로 유인한다. 다가온 암컷에게 정포를 집어넣으면 정포 속의 정자가 암컷의 정자낭으로 이동한다. 이처럼 간접적으로 정자를 전달하는 방식이

| **그림 1-3** | ① 납작돌좀 *Pedetontus nipponicus* ② 벼룩의 일종(말레이시아산)
③ 얼룩좀 *Thermobia domestica*이 정포를 전달하는 행동

곤충의 가장 오래된 교미법이다.^{그림 1-3 ③} 당신의 방 안 책장 한 구석에서도 이런 일이 일어나고 있을지 모른다.

약 4억 년 전, 곤충은 머리-가슴-배라는 구조를 갖추고 지구에 나타났다. 곤충이 날개를 달고 공중으로 진출한 것은 3억 5400만 년 전이다. 날개가 달린 곤충 중에서 가장 원시적인 형태는 하루살이다. 유충 시절을 물속에서 보내는 이들은 성충이 되자마자 교미를 하고 알을 낳은 후 죽는다. 직접 교미하는 대변혁을 일으킨 것이 바로 이 하루살이다.^{그림 1-4}

수컷이 정자를 방출하는 생식구_{生殖口}와 이것을 감싸고 있는

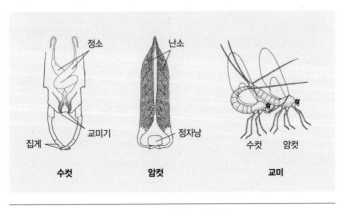

| **그림 1-4** | 하루살이의 교미기와 내부 생식기, 교미 자세

교미기 모두 좌우 한 쌍인 것이 특징이다. 그러면 수컷이 암컷에게 전달한 정자는 어떻게 되는 걸까? 즉시 난자를 수정시키기 위해 난소 쪽으로 갈까?

그렇지 않다. 암컷에게는 수컷에게 받은 정자를 모아 두는 주머니가 있다. 이 주머니의 수, 모양, 명칭은 곤충 무리마다 다른데 대개 '정자낭'이라고 한다. 암컷은 산란 직전에 이 정자낭에 모아 놓은 정자로 난자를 수정시킨다.

장수풍뎅이는 성충이 되면 참나무를 서식지로 삼아 수액을 먹고 살아가며 교미도 주로 여기서 한다. 암컷은 수액 주위에서 세력권을 뻗치고 있던 수컷과 교미를 한 후 지면에 있는 부엽토 속으로 이동해서 알을 낳는다. 이렇게 교미와 산란이라는 두 가지 번식 행위를 분리된 공간과 시간에서 진행할 수 있는 것은 정자낭 덕분이다. 만약 해저 화산의 분화로 새로운 섬이 탄생할 때 정자를 가지고 있던 암컷이 한 개체라도 침입하면 새로운 무리의 창시자가 될 가능성도 있다.

이와 같이 정자를 '저축'하는 일이 교미기가 진화하는 원동력이 된다. 이에 대해서는 뒤에서 자세히 살펴보자.

위에서? 아래에서? — 다양한 교미 자세

~~~~~

하루살이가 진화시킨 교미는 현생의 모든 곤충들에게 계승되었다. 하지만 교미 방식은 그야말로 다양하다. 앞서 이야기했듯이 장수풍뎅이는 수컷이 암컷 위에 올라가 교미를 한다. 모든 곤충이 이와 유사한 교미 자세를 취할까?

규모가 큰 애완동물 가게에서는 파충류의 먹이로 쌍별귀뚜라미*Gryllus bimaculatus*를 판매하는데 요청하면 쉽게 이들을 교미시켜 주는 편이니 그 모습을 직접 관찰해 보기 바란다(부록 참조).

귀뚜라미의 울음소리는 수컷이 암컷을 향해 부르는 사랑 노래이다. "귀뚤귀뚤귀뚤" 하고 힘차게 울어 대던 수컷도 암컷이 옆으로 다가오면 "찍찍찍" 하고 부드럽게 속삭이는 듯한 노랫소리로 바꾸면서 암컷을 향해 날개를 떤다. 암컷이 이 구애를 받아들이면 스스로 수컷 뒤쪽으로 가서 등 위에 올라탄다.

이처럼 보통 동물들과 달리 귀뚜라미나 여치 같이 앞날개가 빳빳한 직시류直翅類는 대부분 암컷이 수컷 위에 올라타는 자세로 교미한다.그림 1-5

암컷이 수컷 등에 올라타 적당한 위치를 잡으면 수컷은 교미기를 고리 모양으로 만든 후 암컷 배꼽에다 걸어서 자기 몸 쪽으로 바짝 끌어당긴다. 암컷은 이런 행위에 자극을 받아 작은 페니스 모양 돌기를 수컷에게 바짝 갖다 대어 정자로 가득 채워진 정

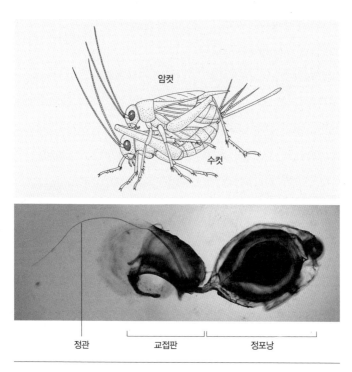

| 그림 1-5 | 귀뚜라미가 교미하는 모습(위)과 수컷이 암컷에게 전달하는 정포(아래, 쌍별 귀뚜라미)

포를 받아들인다.

정포에 달린 가느다란 관(지름 약 200분의 1밀리미터)인 정관이 암컷의 정자낭과 연결된 산란관에 꽂힌다. 정포에는 끈적끈적한 물질이 묻어 있는 교접판이 있어서 암컷의 산란관에 딱 들러붙는다. 이 교접판의 휘어진 모양이 암컷의 산란관에 딱 맞게 생겼다는 게 인상적이다.

귀뚜라미의 교미가 멋진 연쇄반응과 대응으로 이루어지는 것을 살펴보니, 장수풍뎅이의 교미 모습과는 전혀 다르다는 것을 알 수 있다. 귀뚜라미처럼 '암컷이 위로 올라가는' 교미 자세는 하루살이에게서 계승된 곤충의 가장 원시적인 교미 자세다.

귀뚜라미와 마찬가지로 직시류에 속한 메뚜기의 교미는 얼핏 보면 암컷 위에 수컷이 올라탄 '장수풍뎅이 유형'으로 보인다. 하지만 자세히 보면 수컷의 복부가 S자를 그리면서 그 끝이 암컷의 아래쪽에서 맞물려 있다.

곤충의 교미 자세는 무리마다 다르다. 하지만 4억 년에 걸쳐 진화하면서 '수컷 교미기의 복부 쪽이 암컷 교미기의 등쪽에 맞물린다'는 원칙은 많은 무리에서 그대로 유지되고 있다는 점이 흥미롭다.그림 1-6

귀뚜라미과 곤충 중 많은 종이 교미 후 암컷이 정포를 먹어 치

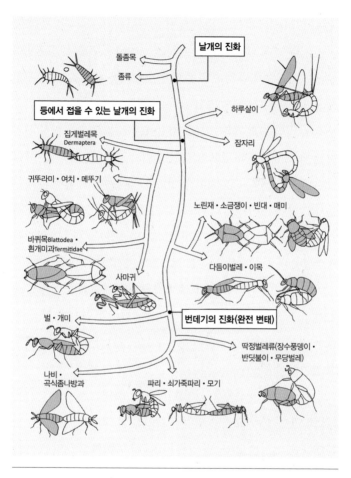

돌좀목

좀류

날개의 진화

등에서 접을 수 있는 날개의 진화

하루살이

잠자리

집게벌레목
Dermaptera

귀뚜라미·여치·메뚜기

노린재·소금쟁이·빈대·매미

바퀴목Blattodea·
흰개미과Termitidae

다듬이벌레·이목

사마귀

번데기의 진화(완전 변태)

벌·개미

딱정벌레류(장수풍뎅이·
반딧불이·무당벌레)

나비·
곡식좀나방과

파리·쇠가죽파리·모기

| 그림 1-6 | 곤충 중 주요 집단의 계통 관계와 교미 자세. 회색이 암컷이다. 교미 자세는 각 집단에서 일반적인 형태를 묘사했다.

운다. 그런데 수컷 입장에서는 정자가 암컷의 정자낭으로 이동하기 전에 먹혀 버리면 큰일이다. 교미 후에도 수컷이 옆에 바짝 붙어서 암컷을 달래듯이 울면서 시간을 버는 종류도 있다. 수컷에게도 나름의 고충이 있다.

정자가 암컷의 몸속으로 들어갈 시간을 벌기 위해 수컷 여치는 암컷에게 정포에 붙어 있는 영양이 풍부한 끈적끈적한 젤리를 먹게 한다.그림 1-7 암컷이 정신없이 젤리를 먹는 동안 정자는 무사히 정포낭에서 암컷의 체내로 이동한다. 이러한 영양물질을 얻으려면 암컷이 여러 번 교미를 하기 때문인지 직시류 암컷의 정자낭은 매우 유연해서 많은 정자를 수용할 수 있다.

어쨌든 교미 자세도 교미 장치의 구조도 곤충 무리마다 놀라

| 그림 1-7 | 정자로 가득 찬 정포(화살표)를 몸에 붙인 암컷 쌕쌔기Conocephalus melaenus

이상할시 모르지만 과학자입니다: 곤충의 교미

울 정도로 다양하다는 것을 알게 됐다. 그러면 같은 무리의 곤충 끼리는 어떨까?

1000만 종류 곤충, 1000만 가지 교미기

~~~~

곤충에는 종류가 많다. 학명이 붙은 것만도 100만 종 이상이며 발견되지 않은 것까지 합치면 1000만 종으로 추정된다. 지구에 있는 모든 생물 종의 절반을 곤충이 차지하고 있는 셈이다. 그중에서도 갑충류Coleoptera는 엄청난 대가족을 이루고 있으며 겉모습이 비슷한 종류도 많다. 그렇다면 분류학자들은 어떻게 종을 구별하는 걸까?

그림 1-8을 살펴보자. 점박이꽃무지Protaetia orientalis submarumorea와 흰점박이꽃무지Protaetia brevitarsis는 수액에 모여드는 풍뎅이의 일종으로 곤충채집을 하는 아이들에게는 친숙하다. 둘은 이름만 비슷한 게 아니라 겉모습도 쏙 빼닮았다. 그러나 수컷의 교미기를 관찰해 보면 차이가 분명하다. 점박이꽃무지 교미기가 확

역S자형
크다

점박이꽃무지

J자형
작다

흰점박이꽃무지

| 그림 1-8 | 교미기를 보지 않으면 구분하기 어려울 정도로 겉모습이 비슷한 점박이꽃무지와 흰점박이꽃무지

실히 더 크고 모양도 역S자로, J인 흰점박이꽃무지와는 명확히 구분된다.

그림 1-8은 교미기의 끝 부분인 '삽입기aedeagus'를 보여 준다. 곤충 수컷의 교미기에는 대부분 삽입기가 있는데 일반적으로 암컷에게 삽입해서 정자를 건네주기 위해 원통형 구조로 되어 있

다. 즉 이 부분이 포유류의 페니스에 해당하는 역할을 한다.

장수풍뎅이, 무당벌레, 반딧불이 등 딱딱한 앞날개로 복부를 온통 가리고 있는 갑충류 곤충들은 모두 삽입기를 가지고 있다. 그림 1-9 그런데 기능은 같지만 곤충 무리에 따라서 이름이 조금씩 달라 영어로 이를 '페니스'라고 하거나 '팰러스phallus'라고 부르는데 사정이 꽤 복잡하다.

여기에 소개한 2종뿐만 아니라 생물 전반에 걸쳐 교미기는 빠르게 진화하고 있다. 형태 면에서 보면 교미기의 변화가 가장 빠르기 때문에 교미기를 보지 않으면 종을 구분하기 어려운 상황이 자주 발생한다. 교미기를 조사해 보면 곤충의 이름을 확인할 수 있으므로 분류할 때 꼭 필요한 작업이다. 특히 최근에는 갑충류를 분류할 때 대부분 삽입기 내부까지 꼼꼼하게 조사하여 연구한다(이 장 마지막의 읽을거리 참조).

어쨌든 1000만 종에 달하는 곤충들이 저마다 다른 교미기를 가지고 있다니, 그 자체만으로도 정말 놀랍다.

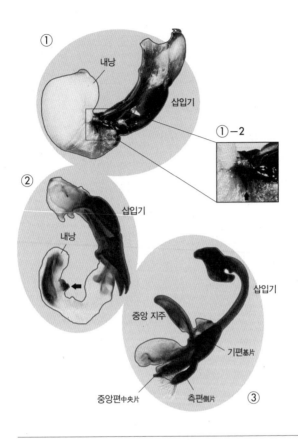

| 그림 1-9 | 각종 갑충류의 교미기

① 장수풍뎅이 ② 왜콩풍뎅이*Popillia japonica* ③ 칠성무당벌레*Coccinella septempunctata*
장수풍뎅이의 가시(①-2의 화살표)는 암컷에게 상처를 입히지 않지만 왜콩풍뎅이의 가시
(②의 화살표)는 상처를 입힌다.(저자의 미발표 자료)

읽을거리

 연구자들이 이런 일까지 한다고?

장수풍뎅이는 몸뿐만 아니라 삽입기도 크다. 교미 중 이 삽입기 속에서 하얗고 부드러운 주머니가 나온다. 이 주머니를 '내낭vesica'이라고 한다. 우리가 휴지통 안에다 비닐봉지를 걸어 두는 것과 비슷한 이미지다. 단지 내낭에는 정자와 정액이 이동하는 통로가 있어(바닥이 뚫려 있다) 삽입기와 한 몸인 셈이다(비닐봉지 입구와 휴지통 입구가 밀착되어 있다고 생각하면 된다). 이 내낭이라는 주머니가 교미 중에 뒤집히면서 삽입기에서 얼굴을 삐죽 내민다.

많은 갑충류는 내낭을 가지고 있으며 그 크기와 모양은 매우 다양하다.그림 1-9 돌기와 가시에는 정자를 더 깊은 곳까지 전달하기 위한 관이 연결된 것도 있다.

예를 들어 이 책의 서두에 나오는 **퀴즈 A의 정답 애사슴벌레**의 경우, 정자를 통과시키는 가는 관이 맨 끝에 달려 있다. 장수풍뎅이의 경우에는 내낭에 날카로운 가시 하나가 눈에 띈다. 장수풍뎅이 내낭에 붙은 이 가시는 단단한 골조처럼 부드러운 내낭을 받쳐 주는데 그 안에 거대한 정포가 형성된다. 정포는 암컷에게 전달되어 몸속에서 소화된다. 장수풍뎅이는 40분이나 되는 교미 시간의 대부분을 암컷에게 줄 이 '도시락'(정포)을 만드는 데 사용한다.

최근에 삽입기와 연결된 부분에 공기와 바셀린을 주사기로 넣거나 연구자의 입(!)으로 불어 넣어 내낭을 풍선처럼 부풀린 후 관찰하는 기법이 갑충류 분류학자들 사이에서 크게 유행하고 있다. '내낭을 조사해 보니 지금까지 한 종류라고 생각했던 갑충류가 사실은 두 종류였다'는 사실이 잇따라 드러나고 있기 때문이다.

곤충을 분류하는 많은 연구자들은 교미기를 꼼꼼하게 관찰하는 '교미 전문가'인데 그런 연구자들이 직접 입으로 불어서 벌레의 삽입기를 부풀리고 있는 모습을 본다면 분명 충격을 받을 것이다.

제 2 장

교미를 둘러싼 끝없는 공방

제1장에서 교미기의 다양성을 간단히 살펴봤지만 여전히 남은 수수께끼가 많다. 교미기는 왜 그렇게 다양할까? 왜 그렇게 빨리 진화하는 것일까?

이 장에서는 심오한 곤충 교미기의 세계에 초점을 맞추어 그 다양성의 수수께끼에 접근해 보자.

수컷들의 번식 전략 ─ 정자를 긁어내는 잠자리

곤충 암컷은 교미를 할 때 수컷에게서 받은 정자를 모아 두었다가 산란할 때 사용한다. 즉 교미와 수정 사이에 시차가 있다.

만약 암컷이 여러 수컷과 차례차례 교미를 한다면 과연 어떤 일이 일어날까?

정자들은 수정을 둘러싸고 경쟁 관계에 놓이게 된다. 수컷 입장에서 보면 모처럼 교미해서 정자를 전달했는데 그 일부만 난자와의 수정에 사용되고 나머지는 기회를 다른 수컷(의 정자)에게 빼앗겨 버리는 사태가 발생한다. 이것이 '정자경쟁'이다. 이런 상황에서 수컷은 암컷이 자신의 정자를 사용하게 하기 위해 적응적 진화를 한다.

그림 2-1을 살펴보자. 수컷 물잠자리의 교미기는 위험하게도 가시투성이다. 사실 많은 종류의 수컷 잠자리는 교미를 하기에 앞서 가시투성이인 교미기로 라이벌 수컷의 정자를 암컷의 정자낭에서 긁어낸다. 그런 다음 자신의 정자를 암컷에게 전달한다. 이것은 정자경쟁에 이기기 위한 '공격적' 적응이라고 볼 수 있다.

여름철 물가에서, 가을날 하늘에서 잠자리 두 마리가 몸이 붙은 상태로 날아가는 모습을 본 적이 있을 것이다. 자신이 모처럼 건네준 정자를 다른 수컷이 긁어내지 않도록 수컷이 교미 후에 암컷의 머리를 붙잡고 날고 있는 모습이다. 많은 종의 잠자리 수컷은 산란할 때까지 암컷을 지킨다. 이것을 '교미 후 경호'라고 하며, 정자경쟁에 대한 '보호적' 적응이다.

잠자리류는 하루살이와 함께 매우 원시적인 모습에 머물러 있는 곤충이다.^{그림 1-6} 잠자리류는 날개 형태도 원시적이라 파닥 파닥하며 오르내릴 수는 있지만 장수풍뎅이처럼 날개를 접을 수

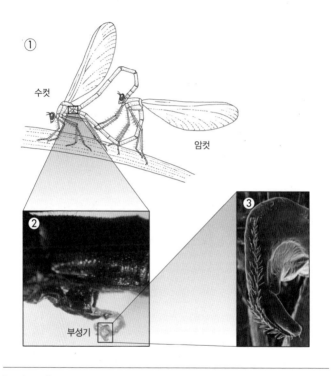

| **그림 2-1** | ① 검은물잠자리의 교미 ② 수컷의 부성기를 확대한 사진
③ 라이벌 수컷의 정자를 긁어내기 위한 날카로운 가시들

는 없다. 그런데도 잠자리류가 앞날개와 뒷날개를 별개의 근육을 써 가며 자유자재로 다루는 능력을 진화시킨 것을 보면 가장 요령 있게 공중을 이용하는 곤충인 것 같다. 사실 이 잠자리류는 교미에서도 변혁을 이루어 냈다. 완전히 새로운 교미기를 만들어 곤충계의 상식을 깬 것이다.

곤충계의 상식에 따라서 암컷의 경우 길쭉한 복부 끝부분에서 난자가 나온다. 그런데 수컷은 복부의 두 번째 마디 부분에 '부성기'라는 2차적인 교미기를 진화시켰다.

이 글 첫머리에 나오는 **퀴즈 B는 장수잠자리**의 부성기인데 수컷은 먼저 복부 끝에서 나온 정자를 부성기에 옮겨 놓고 암컷과 교미한다. 암컷의 복부 끝에 있는 교미기와 수컷의 부성기가 맞물리면서 수컷이 복부 끝으로 암컷의 머리를 껴안기 때문에 잠자리 특유의 하트 모양 교미 자세가 된다.그림 2-1. ①

생물의 몸에 일찍이 없었던 새로운 구조와 성질이 탄생하는 것을 '진화적 신기성進化的 新奇性'이라고 한다. 잠자리 수컷의 부성기가 바로 진화적 신기성의 사례.

코르크 마개를 뽑듯이
— 긁어내기에 맞서는 사향제비나비

~~~~~

잠자리 수컷은 교미 후 경호로 암컷을 지킨다. 한편으로는 그 사이 수컷도 다른 암컷과 교미할 기회를 놓치는 셈이다.

나비의 일종인 호랑나비류는 더 똑똑하게 진화했다. 바로 '교미 마개'를 사용하는 것이다. 놀랍게도 수컷은 정자를 건네자마자 정액으로 교미 마개를 만들어 암컷의 교미구를 막아 버린다. 모시나비*Parnassius citrinarius*와 일본애호랑나비*Luehdorfia japonica*가 사용하는 교미 마개는 거대하며, 단단하게 부착되어서 쉽게 떼어지지 않는다.그림 2-2

하지만 잠자리에게는 이런 '정조대'가 진화하지 못했다. 잠자리를 포함한 곤충 암컷 다수는 정자가 들어오는 입구와 수정란이 몸 밖으로 나가는 출구가 같은데, 이를 단문류單門類라고 한다. 이런 단문류 암컷에게 거대한 교미 마개가 붙어 있다면 수정란이 밖으로 빠져나가지 못할 가능성이 높다.

그러면 왜 나비는 교미 마개로 출구를 막아도 수정된 난자가 밖으로 빠져나갈 수 있는 걸까? 나비류와 수많은 나방류는 생식

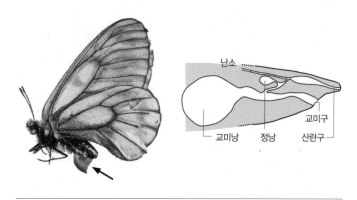

| 그림 2-2 | 모시나비 암컷에게 붙어 있는 거대한 교미 마개(화살표)와 이문류 암컷의 교미기 구조도

을 위한 입구와 출구가 나뉘어 있다. 이런 특징 때문에 이문류二 門類라고 한다. 교미구에서 건네받은 정자는 일반적으로 포장되어 정포 형태로 전달된다. 이 정포는 그 안쪽에 있는 교미낭에서 소화되고 정자만 특별한 우회로를 통해서 정낭(다른 곤충의 정자낭에 해당하는 기능을 함)으로 이동한다. 이런 형태의 진화는 일부 매미류에서도 나타난다.

이 글 첫머리에 나오는 **퀴즈 E의 정답은 호랑나비**이다. 이문류(나비와 나방)의 수컷 교미기에는 파악기把握器가 붙어 있어서 교미기가 마치 날개를 펼친 나비처럼 보인다. 이 파악기로 암컷

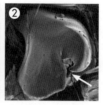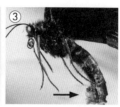

| 그림 2-3 | ① 사향제비나비 수컷 ② 사향제비나비 수컷의 교미기
교미기 말단부(②의 화살표)가 꼬여 있어 정포 겸 교미 마개(③의 화살표)를 억지로 여는 데 도움이 되는 것으로 짐작된다.

의 교미기를 양옆에서 꽉 잡는다. 모시나비의 멋진 교미 마개는 파악기를 거푸집처럼 이용해서 수컷의 정액을 굳힌 것이다. 마치 붕어빵을 만들 듯이.

강변에서 흔히 볼 수 있는 사향제비나비의 교미 마개도 견고해서 사람의 힘으로도 쉽게 벗겨 내지 못한다. 그럼 이 암컷은 두 번 다시 교미할 수 없는 것일까? 실은 그렇지도 않다.

그림 2-3을 살펴보자. 사향제비나비 수컷의 교미기는 좌우 비대칭으로 꼬여 있어 마치 코르크 마개를 뽑을 때 쓰는 와인 따개처럼 생겼다. 수컷 사향제비나비는 이 와인 따개 같은 교미기를 사용해서 먼저 교미한 다른 수컷의 교미 마개를 쑥 빼 버리는 것으로 짐작된다. 마개 대 뽑개, 이것도 정자경쟁의 '보호'와

'공격'에 따른 적응이다.

나비류와 나방류 등 몸과 날개에 비늘가루가 덮인 곤충들은 '인시류鱗翅類'라고도 하는데 이들의 번식에는 또 하나의 큰 특징이 있다. 바로 두 종류의 정자를 만들어 낸다는 사실이다. 핵을 가진 일반적인 정자 덩어리 외에 단독 무핵정자를 만든다.그림 2-4 무핵정자에는 수컷의 유전자가 없기 때문에 당연히 수정을 할 수 없다. 그런데 왜 이런 것을 만드는 걸까?

나비 암컷은 보통 교미낭이 부푼 상태에서는 다른 수컷과 교미를 하지 않는다. 그래서 수컷은 무핵정자라는 저렴한 충전재로 부풀리기(양 늘리기)를 해서 암컷의 바람기를 막고 있다는 것이 현재 가장 유력한 주장이다. 만약 이것이 사실이라면 교미 마개를 형성하는 이문류의 경우 무핵정자는 수컷에게 이중 경계가 되는 셈이다.

여기서 독자들에게 나비 사육과 번식 마니아에게 전해 들은 인위적 교미 비법을 소개하려고 한다. 한 손에 수컷 나비, 반대편 손에 암컷 나비를 들고 양쪽 복부 끝을 꽉 눌러서 교미를 유도하는 방법이다. 운이 좋으면 수컷의 교미기가 암컷의 배 끝에 순조롭게 끼워 넣어져 교미가 성립된다.

여기서 새로운 의문이 떠오를 것이다. 수컷은 교미가 성립되

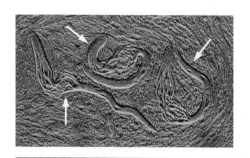

| 그림 2-4 | 부전나비의 일종인 푸른부전나비*Celastrina argiolus*의 정자
무핵정자 속의 유핵정자 다발을 화살표로 표시했다.

었는지 어떻게 알 수 있을까? 수컷 호랑나비는 '엉덩이에도 눈이 있기 때문'에 이를 알 수 있다. 수컷의 교미기에는 빛을 감지하는 세포가 있어서 암수의 교미기가 완전히 맞물리면서 어두워지는 변화를 엉덩이로 감지할 수 있는 것이다. 확실하지는 않지만 이와 같은 메커니즘과 감각모가 다른 곤충의 교미에도 분명히 중요한 역할을 하고 있을 것이다.

여담으로 이야기하자면 누에나방은 가축화되는 과정에서 교미에 관련된 중요한 행동을 잊어버리고 말았다. 놀랍게도 그들은 스스로 교미를 끝낼 수 없게 된 것이다.

옛날부터 양잠 농가에서는 그들이 교미를 끝낼 때까지 기다리지 않고 암수 사이를 자연스럽게 '툭' 하고 물리적으로 떼어 냈다. 이렇게 툭 떼어 낸 역사가 아주 오래되었기 때문에 가엾게도 누에나방은 스스로 교미를 끝내는 능력을 잃게 된 것 같다.

이렇게 암수를 떼어 내는 작업을 업계 용어로 '할애割愛'라고 한다는 사실도 덧붙여 둔다.

내 몸을 선물로 줄게 ― 사마귀의 교미

~~~~

사마귀의 성적 동족상잔 이야기는 유명하다. 교미할 때 암컷이 수컷을 먹어 버리는 것이다. 암컷은 교미가 끝나기도 전에 수컷을 머리부터 뜯어 먹기 시작하는데 이에 따라 교미가 더욱 활발해지면서 많은 정자가 전달된다는 오래된 보고가 있다. 수컷 사마귀의 머리가 잘리면 억제중추가 없어져서 뇌의 신경 지배로부터 해방되기 때문이라고 한다. 하지만 역으로 생각하면 수컷은 머리가 있는 경우에는 일반적으로 암컷에게 전달하는 정자의 양과 타이밍을 제어할 수 있다는 뜻이다.

최근 암컷에게 먹힌 수컷의 몸속 영양분이 암컷이 만드는 난자로 흡수된다는 것이 확인되었다. 즉 수컷은 죽어서 자기 새끼에게 영양을 공급하는 것이다. 그런데 암컷이 여러 수컷과 교미할 경우 죽어서 다른 수컷의 새끼에게 영양분을 주게 될 수도 있다. 기껏 희생했는데 억울할 노릇이다.

　하지만 좁은 곤충장 안에서 수시로 일어나는 성적 동족상잔도 도망갈 곳이 많은 야외에서는 30퍼센트 정도의 빈도로만 일어난다는 보고도 있다. 실제로 관찰해 보면 수컷은 주의 깊게 암컷에게 접근해서 올라탄 다음 재빠르게 교미기를 맞물린다. 여기서 우물쭈물하면 위험하다. 교미 자체는 몇 시간이 걸릴 수도 있지만 끝나면 쏜살같이 도망간다. 모든 사마귀가 기꺼이 자신을 바치면서 교미를 하지는 않는 것이다.

　사마귀는 교미할 때 메뚜기와 마찬가지로 '수컷이 위에 올라가지만 교미기는 암컷이 위에 있는' 자세를 취한다. 이 글 첫머리의 **퀴즈 C의 정답은 왕사마귀**다. 이 수컷의 교미기는 여러 부분으로 이루어지고 좌우비대칭인데 최근 그 기능이 보고되었다. 수컷은 항상 암컷의 오른쪽에서 교미를 시도하는데 좌우비대칭인 교미기가 분업해서 암컷의 산란관을 재빠른 동작으로 열어 교미를 시작하는 것이다.

교미기는 그 곤충의 삶을 비춘다. 이는 '순조롭게' 교미를 성립시키고 싶은 사마귀다운 교미기라고 할 수 있다.

죽어도 좋아! — 꿀벌의 교미

~~~~~~

앞서 살펴본 것처럼 수컷 사마귀는 암컷에게 먹히지 않기 위해 필사적으로 노력하며 교미하고 있다. 그런데 문자 그대로 '필사적인' 교미를 하는 곤충이 있다. 바로 꿀벌이다.

벌과 개미가 속한 막시류膜翅類의 특징은 '성별 선택 임신'을 한다는 것이다. 정자에 의해 수정된 새끼는 암컷, 미수정란으로 산란된 새끼는 수컷이 되므로 어미는 정자낭 입구의 근육을 조절하여 자유자재로 새끼의 성을 선택해서 낳을 수 있다. 꿀벌과 개미류 중 생식에 참여하지 않는 일개미와 일벌은 모두 암컷이다.

꿀벌 여왕은 평생 새끼를 수만 마리나 낳는데 대부분 일벌(암컷)이다. 즉 엄청난 양의 정자가 필요하다는 이야기다. 수컷 한 마리로는 많이 부족하다고 생각하는지 양봉꿀벌*Apis mellifera*의 새

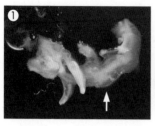

| 그림 2-5 | ① 수컷 양봉꿀벌의 유연한 교미기(화살표 부분에서 끊어진다)
② 사나운 모양의 수컷 어리호박벌 교미기

여왕은 수컷 최대 열일곱 마리와 교미한 다음 둥지를 만들기 시작한다.

양봉꿀벌 수컷은 교미를 할 때 가지고 있는 모든 정자를 새 여왕에게 건네주는 동시에 교미기의 부드러운 부분이 찢어지면서 그에 따른 쇼크로 죽어 버린다. 수컷 꿀벌의 교미기는 어리호박벌*Xylocopa appendiculata*처럼 여러 번 교미할 수 있는 유형에 비해 아주 연약하다.그림 2-5 서양꿀벌 수컷의 교미기가 한 번 쓰고 버리는 일회용으로 설계되었음을 알 수 있다.

'필사'의 교미라는 주제에서는 살짝 벗어나지만 덧붙이고 싶은 이야기가 있다. 벌과 개미류의 암컷 교미기는 비교적 단순한데, 식물에 산란하는 원시적인 곤충 종에서는 산란관이 발달하는 경우가 많다. 벌의 독침도 발달된 산란관이 변화한 것이므로 침을 쏘는 벌은 모두 암컷이다.

역시 크기가 문제야

~~~~~

남편이 아내보다 키가 작다는 뜻의 '벼룩 부부'라는 말이 있다. 벼룩목 곤충 다수는 암컷에 비해 수컷이 훨씬 작다. 하지만 수컷의 교미기가 체구에 비해 상당히 길어서 암수 체격 차이 때문에 교미가 어렵지는 않을 것이다.그림 2-6 그보다 문제가 되는 것은 동성 간에 몸집 차이가 있는 경우다.

예를 들어 장수풍뎅이와 사슴벌레는 유충기의 먹이 조건에 따라 성충의 체격이 엄청나게 달라진다. 그런데도 교미기의 크기는 별로 차이가 없다. 몸길이가 두 배나 차이 나기도 하지만 교미기의 크기 차이는 그보다 작다.그림 2-7

'몸집이 큰 수컷은 몸집에 비해 교미기가 작다.' 이 규칙을 '음의 상대성장negative allometry'이라고 하며, 많은 곤충에게서 확인된

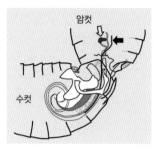

| 그림 2-6 | 벼룩의 교미. 수컷의 교미기는 복잡한 나선형인데, 적어도 그 일부(검은색 화살표)는 암컷에게 삽입된다. 그러나 이 관찰 사례에서는 암컷의 정자낭(흰색 화살표)에 직접 삽입하지 않았으며 그 이유는 수수께끼다.

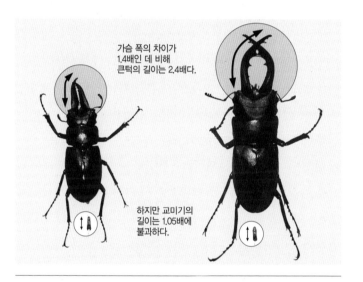

가슴 폭의 차이가 1.4배인 데 비해 큰턱의 길이는 2.4배다.

하지만 교미기의 길이는 1.05배에 불과하다.

| 그림 2-7 | 수컷 톱사슴벌레 두 마리의 큰턱과 교미기의 길이. 같은 수정으로 만들어진 형질이라도 두 개체의 성장은 완전히 다르며 그에 비해 교미기의 크기 변화에는 제약이 있다는 것을 알 수 있다.

다. 연구 사례는 적지만 암컷의 교미기도 마찬가지로 크기 변화에 제약을 가진 경우가 많다.

이러한 사실은 무엇을 의미할까?

"수컷과 암컷의 교미기가 잘 맞물리지 않으면 교미가 이루어지지 않으니까 크기가 너무 차이 나면 곤란하잖아요." 눈치가 빠른 독자는 이렇게 지적하겠지만 이는 의외로 어려운 문제이므로 제5장에서 자세히 살펴보자.

어쨌든 '다른 종끼리는 교미기의 모양과 크기가 현저하게 다른데 동종끼리는 별로 차이가 없다.' 이것이 교미기 형태의 진화에서 흥미로운 점인 동시에 곤충(그리고 교미를 하는 그 외 많은 동물)을 분류하는 데 교미기가 중요시되는 이유다.

참고로 수컷끼리 투쟁할 때 쓰는 무기에는 교미기와는 반대인 현상이 나타나는 경우가 많다. 몸집이 큰 수컷일수록 그에 비례해 큰 무기를 지니는 것이다.그림 2-7 작은 수컷은 큰 수컷에게 도전해도 싸움에서 질 가능성이 높다. 그렇다면 한정된 에너지를 무기가 아닌 다른 곳에 투자하는 편이 좋을 것이다. 실제로 장수풍뎅이는 몸집이 작은 수컷이 아주 작은 뿔을 가진 대신 뒷날개가 크고 멋지게 발달되어 있어 기동력으로 승부를 겨루는 전략에 적합하다.

곤충채집을 하는 아이들에게 전승되는 채집 요령 중에 이런 말이 있다. '밤에 불빛을 향해 날아오는 장수풍뎅이와 사슴벌레 중에는 멋진 뿔을 가진 수컷이 적지만 나무에서 수액 세력권을 쥐고 있는 수컷은 멋진 뿔을 가지고 있고 싸움에도 강하다.'

이처럼 채집 요령에서도 성과 관련하여 진화를 뒷받침하는 증거를 찾을 수 있다.

곤충의 교미, 이 한마디로는 정리할 수 없는 다양성을 독자 여러분도 실감했으리라 생각한다. 다음 장부터는 나의 연구를 소개하려고 하니 그 다양성에 대한 수수께끼를 함께 풀어 보자.

곤충의 성전환과 암수 모자이크

   물고기와 새우 등은 성장 도중에 성전환을 하는 생물로 알려져 있다. 예를 들어 디즈니 영화 〈니모를 찾아서〉의 모델은 흰동가리이다. 무리 중에서 가장 큰 개체가 암컷, 다음으로 큰 것이 수컷이며, 그보다 작은 것은 수컷도 암컷도 아닌 비번식 개체다.

   그래서 '엄마'가 없어져도 제 자식을 찾아다니는 '아빠'라는 존재는 보이지 않는다. 영화에서처럼 엄마 흰동가리가 죽으면 아빠가 암컷으로 성전환해서 새로운 엄마가 되고 그다음으로 큰 비번식 개체가 수컷으로 전환해서 아빠가 되는 것이다. 이 소재는 대단히 인기가 있어서 수업에도 사용하고 있다. 이와 같은 성전환이 과연 곤충에게도 일어날까?

   답은 'No'다. 몸속에서 분비되는 성호르몬으로 성징이 결정되는 척추동물과는 달리 곤충은 성염색체에 따라 세포마다 성이 정해져 있는 희귀한 생물이다. 따라서 성전환이 일어나지 않는다. 대신 하나의 몸속에 암수가 섞여 있는 '암수 모자이크' 현상이 드물게 발생한다.

암수 모자이크가 일어난 개체는 몸의 좌우가 각각 자형雌型 또는 웅형雄型으로 확연히 갈린다.그림 2-8 수정란에서 성장하는 도중에 염색체 분배에 이상이 생기거나 성염색체에 결실이 발생하면서 수컷 세포와 암컷 세포가 한 곤충의 몸에 혼재해 있는 상태다.

물론 암수 모자이크는 일반적으로 불임인 기형이지만, 그 희소성 때문에 예쁜 표본이 가끔 고가로 거래된다.

암컷 부분=흰색
수컷 부분=회색

| 그림 2-8 | 사슴벌레의 암수 모자이크

제 3 장

너무나 긴 교미기의 비밀

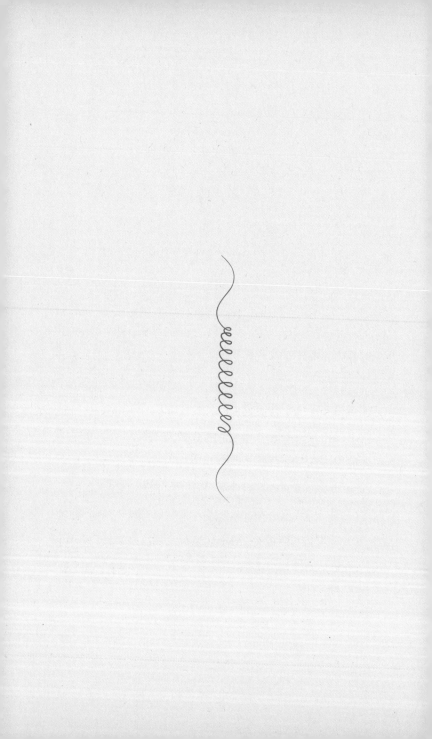

새끼를 끔찍이 사랑하는 곤충, 집게벌레

~~~~~

　나를 곤충의 교미와 교미기라는 비주류 연구로 이끈 것은 집게벌레라는 지극히 인기 없는 곤충이었다. 이름에서 알 수 있듯이 복부 끝에 집게발이 있는 벌레다.

　도시에서도 작은 정원이나 화분 밑에서 흔히 볼 수 있는, 사람과 가까운 곤충이지만 내 수업을 듣는 학생에게 물어보면 안타깝게도 그 이름조차 들어 본 적이 없다는 대답을 들을 때가 많다.

　"집게벌레는 집게발을 어디에 사용합니까?"라는 질문을 자주 받는다. 한마디로 답하자면 집게발은 우리 인간의 손과 같다. 외부 적의 공격을 방어할 때, 포식을 할 때, 그리고 날개로 날아다니는 종류는 날개를 개폐하는 데 사용한다. 등이 가려울 때 등을

긁는 용도로도 쓰인다.

수컷이 암컷보다 멋진 집게발을 가진 종류가 많아서 암컷을 둘러싸고 수컷끼리 경쟁할 때나 암컷에게 구애 행동을 할 때에도 집게발이 쓰인다.

이 집게발에는 독이 전혀 없다. 큰 집게발에 물리면 조금 아플 수도 있지만 피가 나는 일은 극히 드물다. 하지만 철이 들기 전부터 벌레와 놀았던 나도 집게벌레는 유독 무서워했다. 그런 집게벌레에 매력을 느끼게 된 것은 고등학생 시절이었다.

대학 입시를 앞둔 어느 여름날이었다. 문득 정원에 놓인 돌을 젖혀 보았더니, 그곳에서 어미 끝마디통통집게벌레*Gonolabis marginalis*가 알을 품고 있었다. 곤충 대부분은 알을 낳으면 그대로 방치해 두는데 그 어미 집게벌레는 부화할 때까지 알을 돌보고 있었다.그림 3-1 그런데 내가 갑자기 들이닥치자 놀란 어미는 쏜살같이 도망가고 수십 개의 하얗고 반질반질한 알만 남겨졌다.

그대로 두면 이 알은 다른 동물의 먹이가 될 게 뻔했다. '내가 나쁜 짓을 했구나' 하고 생각하면서 돌을 원래대로 덮어 놓았다. 그리고 몇 시간 후 '어떻게 되었을까?' 하는 궁금한 마음에 돌을 젖혀 보고는 깜짝 놀랐다. 어미가 다시 돌아와 알을 돌보고 있는 게 아닌가. 둥지의 위치를 기억하고 있었던 것이다.

| 그림 3-1 | 수정란을 돌보는 어미 작은흰수염집게벌레(학명은 *Euborellia plebeja*이나 논란의 여지가 있다)

갑자기 흥미가 솟구쳐 집 책상 서랍에 플라스틱 통을 나란히 넣어 놓고 집게벌레 사육을 시작했다. 그런 생활은 도쿄도립대학 생물학과(현 슈토대학 도쿄 생명과학 과정)에 입학한 후에도 이어졌다.

먹이로 주는 고양이 사료에 금세 곰팡이가 생겼기 때문에 며칠에 한 번씩 바꿔 줘야 했다. 곰팡이 방지를 위해 사육 용기 바닥에 흙 대신 석고를 까는 방안은 최근에 시작되었다. 이는 건조한 환경에 약한 토양 서식 곤충이 땅속으로 기어들지 않게 하기 위해 자주 사용되는 기법이다. 새하얀 석고는 습해져도 알 수 없기 때문에 활성탄 분말을 섞어 착색해서 사용한다.

일반적으로 대학에서 4학년이 되면 소속 연구실을 배정받아 졸업 연구를 실시한다. 나는 2학년 때부터 출입하고 있던 동물

생태학 연구실로 정해졌다.

'소중한 학창 시절을 제대로 보내기 위해 지금 여기에서만 할 수 있는 일을 해야겠어!'라는 생각으로 최첨단이었던 분자생물학을 연구하거나 외딴섬에 머무르면서 생태조사를 하는 친구도 있었다. 그러나 나는 '비록 연구직으로 취업하지 않더라도 취미로라도 연구를 계속하고 싶어. 그러려면 학생 시절에 기술을 익혀야 해'라고 생각했다. 동물생태학 연구실이 그러한 목적을 이루기에 가장 적합하다고 생각했다.

졸업논문은 너무 힘들어

~~~~~

당시 동물생태학 연구실에서는 연구 주제를 스스로 결정하게 했다. 물론 교수에게 조언을 받기는 했지만 연구 대상, 주제, 방법, 필요한 장비 등을 스스로 생각했던 경험은 지금까지 연구를 지속하는 데 큰 밑거름이 됐다.

나는 곤충의 '육아'를 연구하고 싶어서 연구 대상을 벌로 정했다. 집게벌레 유충들은 부화한 후 며칠이 지나면 어미 곁을 떠나므로 육아는 그 시점에서 끝난다. 좀 더 본격적으로 육아를 하는(유충을 돌봐 주는) 곤충을 연구하기 위해 벌에게 한눈팔았던 것이다.

그런데 데이터가 생각만큼 모이지 않았다. 한번 어리호박벌을 포획해서 펜으로 표시해 봤는데 내 얼굴을 기억하고 있는지 다시 만났을 때는 쏜살같이 도망가는 듯한 느낌이 들었다. 졸업 연구는 1년으로 기간이 제한되어 있었는데 자료가 될 만한 수치를 하나도 모으지 못한 상태로 여름이 끝나 가고 있었다.

지금 생각해 보니 '본격적으로 육아를 하는 곤충이라면 더 제대로 된 연구를 할 수 있다'라는 발상이 애초에 유치했다. 현재 스위스 연구진이 집게벌레를 대상으로 곤충의 육아에 관한 중요한 논문을 잇달아 내놓고 있는 것이 그 증거다. 그들처럼 아이디어를 낼 수 없었던 것은 내가 육아 연구에 적합한 연구자가 아니었기 때문이다.

당시 연구실 조수 구사노 다모쓰 씨가 나에게 "너는 논문을 너무 많이 읽어"라는 말을 했는데 실제로 그랬다. 열심히 공부한다고 혼나는 것이 이상해 보일지 모르겠지만 계속해서 논문을 읽고 '아직 조사되지 않은 것이 무엇일까?'를 생각하면서 주제를 찾아 나가다 보면 좁은 골목길로 들어가게 된다. 많은 논문을 읽고 정보를 정리해서 지도 교수 스즈키 다다시 씨에게 가져가 "여기까지는 알고 있습니다"라고 했더니 "흠…… 그래서?"라는 말을 들었다.

막다른 골목에 다다른 것 같았다. 망연자실하고 있던 어느 날, 집게벌레의 교미가 떠올랐다. 집게벌레는 교미하는 도중에 방해를 받으면 당황해서 교미를 중단하는데, 이때 두 마리 사이에 피아노 줄 같지만 그보다 더 가느다란 관이 나타난다. '뭐지?' 하고 생각하며 수컷을 해부해 봐도 잔뜩 걸려 있는 길고 하얀 끈처럼 생긴 것이 무엇인지 도무지 알 수 없었던 게 생각났다.

당시 조수였던 하야시 후미오 씨(현재 동 연구실 교수)에게 그 이야기를 했더니 "그걸로 졸업 논문을 쓰면 되겠네"라며 명쾌한 대답을 해 주었다. 답답했던 속이 뻥 뚫리는 기분이 들었다.

수컷 몸속에 있는 긴 끈처럼 생긴 것은 분명 교미기일 것이다. 그러면 왜 그렇게 길게 생겼을까? 그 비밀을 알아보는 지름길은 그것이 사용되는 현장을 관찰하는 것이다. 집게벌레를 대량으로 사육하는 데에는 자신 있었다. 즉시 관찰에 착수했고 그때까지 정체되어 있었던 하루하루가 마치 거짓말인 듯 연구가 진행되기 시작했다.

암컷이 더 길다

~~~~

　당시 나는 작은흰수염집게벌레를 사육하고 있었다. 이 이름은 퇴화된 작은 앞날개에서 유래했다. 뒷날개는 완전히 퇴화해서 날 수가 없고, 게다가 반들반들한 면을 딛고 올라가지 못하기 때문에 사육과 관찰을 하기에 아주 적합했다.

　크기도 적당했다. 장수풍뎅이 같은 대형 곤충 100마리를 사육하려면 꽤 넓은 공간이 필요하다. 반대로 몇 밀리미터 정도에 불과한 곤충은 해부를 비롯한 세밀한 작업을 하기 힘들다. 게다가 인근(하천 주변 풀밭이나 밭 옆에 쓰레기장)에서 채집할 수 있는 이 곤충은 1년 내내 알을 낳고 1센티미터 정도밖에 날지 못하는 유리한 조건인데도 별로 연구되지 않았다. 작은흰수염집게벌레는 그야말로 이상적인 연구 대상이었다.

　이제 작은흰수염집게벌레 수컷 교미기를 살펴보자.그림 3-2 수컷의 복부를 열어 보면 흰 끈 같은 것이 한 바퀴 반 정도 감겨 있다. 똑바로 펴 보면 수컷의 몸길이 정도이거나 그보다 약간 길다. 이것이 바로 교미기다.

　그런데 이것이 암컷에게 삽입되는 것은 아니다. 이 긴 교미기

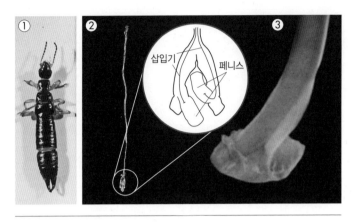

| 그림 3-2 | ① 수컷 작은흰수염집게벌레 ② 밖으로 나온 교미기(쭉 뻗은 상태)
③ 삽입기의 맨 끝이 귀이개 형태로 된 구조
①과 ②는 동일한 배율로 나타냈다.

에는 전체적으로 아주 가는 피아노선 같은 관 두 개 들어 있다.
전문용어로는 사정관단지射精管端枝라는 기관인데 여기서는 이해
하기 쉽게 '삽입기'라고 하자. 두께가 머리카락의 20분의 1 정도
되는 이 관을 암컷에게 삽입해서 정자를 전달한다.

　한편 암컷 작은흰수염집게벌레의 정자낭도 가늘고 길다.그림
3-3, 오른쪽 사진으로 보면 마치 미로 같기도 하고 막다른 오솔길
처럼 보이기도 한다. 길이는 몸길이의 두 배 이상이다. 즉 수컷
교미기 길이의 두 배 이상이다. 이 길이를 측정하려면 확대 복사

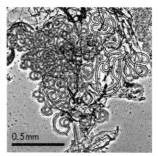

암컷

수컷은 복부를
180도 비튼다

0.5mm

| 그림 3-3 | 교미 중인 작은흰수염집게벌레
와 암컷의 정자낭

한 사진에 맵미터(지도상에 표시된 거리를 측정하는 도구)를 사용해
야 하는데, 하나를 측정하는 데에만 30분이 걸린다.

여기까지는 실물과 오래된 해부학 문헌을 비교하면서 그럭저
럭 이해했다. 그런데 교미기와 정자낭이 왜 이렇게 긴 걸까? 왜
삽입기가 두 개나 있을까? 도대체 이유를 알 수가 없었다. 우선
내 눈으로 '현장'을 보는 것이 이를 알 수 있는 지름길이었다. 즉
시 액체질소를 준비하고 암컷과 수컷 작은흰수염집게벌레를 용
기에 함께 풀어놓았다.

교미 연구를 하는 입장에서 이 곤충의 가장 큰 장점은 만나자
마자 교미를 한다는 점이다. 수컷의 더듬이가 암컷에게 슬쩍 닿
으면 수컷은 즉시 복부를 구부려 암컷에게 집게발을 내민다. 공
격하는 것이 아니다. 수컷은 암컷을 향해 조용히 뒷걸음질을 시

작하면서 동시에 복부를 180도 정도 비튼다. 그러면 다리는 바닥에 붙인 채 복부의 끝부분만 위를 향하는 자세가 된다. 그러는 동안 암컷이 가만히 있어 주면 교미가 이루어진다.그림 3-3. 왼쪽 집게발이 방해가 되므로 이런 특별한 자세를 취해야 비로소 암수 교미기를 맞물릴 수 있는 것이다.

그러나 암수의 교미기 자체는 가슴판(곤충의 복부를 덮는 판)에 감춰져 보이지 않는다. 교미기를 관찰하려면 교미 중인 한 쌍을 고정시킨 다음 해부하는 수밖에 없다.

작은흰수염집게벌레의 교미는 평균 4분 정도 걸린다. 교미를 시작한 후 다양한 시점에 각각의 쌍을 액체질소로 급속 냉동하여 고정시켰다. 그런 다음 해부해 보니 모든 쌍에서 두 개인 삽입기 중 어느 한쪽이 수컷에게서 뻗어 나와 암컷의 정자낭에 삽입되어 있었다.

교미가 시작된 지 30초, 1분, 이렇게 시간이 경과하는 동안 삽입기는 점점 깊숙이 들어갔다. 이 단계에서는 아직 정자가 보이지 않았다. 1분 30초 정도가 지났을 때 가장 깊숙이 삽입된 상태가 되었다. 정자낭보다 수컷의 삽입기가 훨씬 짧아서 정자낭의 막다른 지점까지는 결국 닿지 못한 상태였다. 이 단계가 되자 비로소 정자가 관찰되었다. 수컷은 삽입기의 맨 끝에서 정자를 내

보내면서 삽입기를 빼냈다. 교미를 마친 직후에 고정시킨 암컷을 살펴보니 정자낭 입구 부분에서만 정자가 보이다가 곧 긴 정자낭 전체로 퍼져 나갔다.

작은흰수염집게벌레의 개략적인 교미 과정을 알게 되었으니 이제 수컷의 교미기를 좀 더 자세히 살펴보자. 삽입기 맨 끝부분을 전자현미경으로 관찰해 보면 그림 3-2의 ③처럼 뒤집어진 형태로 연결되어 있다는 것을 알 수 있다. 가늘고 긴 관 끝이 이런 형태로 연결되어 있기 때문에 마치 구불구불하고 아주 긴 귀이개처럼 보인다. 이 부분은 정자낭 관의 내벽(수컷의 '귀이개'와 짝이 되는 '귓구멍'에 해당)에 딱 맞게 들어갈 만한 굵기다.

교미기 모양이 왜 이렇게 이상하게 생긴 걸까? 생각해 낸 가설은 '(외형뿐만 아니라) 기능도 귀이개와 같다'는 것이다. 암컷 작은흰수염집게벌레는 교미 상대를 선별하지도 않고 교미도 빈번하게 한다. 이것은 정자경쟁이 치열하다는 것을 시사한다. 잠자리류와 마찬가지로 라이벌의 정자를 긁어낸 후 자신의 정자를 전달하는 것이 아닐까?

이 가설에 따르면 교미 후반에 삽입기를 빼내면서 비로소 정자를 방출하는 이유도 이해할 수 있다. 교미를 시작한 직후부터 정자를 내보내면 모처럼 건넨 자기 정자까지 긁어내게 되기 때문이다.

하지만 서로 다른 수컷의 정자라도 현미경으로 보면 모두 동일하게 보여서 구별할 수가 없다. 도대체 어떤 실험을 해야 라이벌의 정자를 긁어낸 후 자신의 정자로 바꿔치기하는 모습을 볼 수 있을까?

모양도 용도도 귀이개?

~~~~~

마침내 돌파구를 발견했다. 교미 시작 직후 아직 정자를 방출하지 않은 수컷의 복부를 핀셋으로 살짝 잡아서 움찔하게 만든다. 그러면 수컷은 정자를 방출하지 못한 채 밀어 넣으려던 삽입기를 움츠리게 된다. 이 현상을 적절하게 이용하여 이미 라이벌의 정자를 가진 암컷과 교미를 시작한 수컷을 깜짝 놀라게 해 보자. 만약 그때가 라이벌의 정자를 긁어내기 시작한 때라면 정자낭 입구 부근에 있던 라이벌의 정자가 없어져서 빈 부분이 생길 것이다.그림 3-4. ①

실험 결과 예상했던 모습이 관찰되었다. 정자낭 안쪽에는 정자가 가득 차 있는 반면 입구 부근에는 정자가 없이 빈 부분이 생긴 것이다!

참고로 한창 삽입기를 밀어 넣고 있을 때 순간적으로 고정시킨 경우에는 삽입기 주위에 라이벌의 정자가 보이며 빈 부분은 없었다. 이 때문에 삽입기를 끼워 넣을 때 라이벌의 정자를 안으로 밀어 넣지 않고 삽입기를 뺴낼 때 이 정자를 긁어낸다는 것

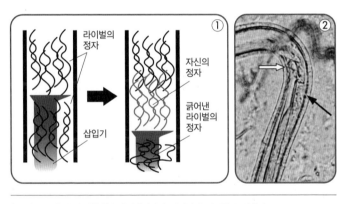

| 그림 3-4 | 수컷 작은흰수염집게벌레가 라이벌의 정자를 긁어낸다.
① 교미 후반에 자신의 정자를 방출하면서 삽입기 끝부분의 귀이개 구조를 이용해서 라이벌의 정자를 긁어낼 것으로 예측했다.
② 실험으로 삽입기 맨 끝(흰색 화살표) 아래에 얽혀 있는 라이벌의 정자 덩어리(검은색 화살표)를 확인했다.

을 알 수 있다.

앞서 언급한 것처럼 귀이개 모양 삽입기의 머리 부분은 정자낭 내벽에 딱 맞는 크기다. 그런데 어떻게 라이벌의 정자를 안으로 밀어 넣지 않고 긁어낼 수 있는 걸까? 사실 이 의문은 해결되지 않은 상태다. 삽입기 머리 부분의 구조에 뭔가 비밀이 숨겨져 있을 것으로 짐작된다.

그 후 재확인 실험을 실시하여 보풀처럼 둥글게 말린 라이벌 수컷의 정자 덩어리를 귀이개 모양인 삽입기 머리 부분으로 긁어내는 모습을 카메라에 담을 수 있었다.그림 3-4.② 드디어 삽입기의 '모양과 기능이 모두 귀이개 역할을 한다'는 것을 증명해낸 것이다.

비록 졸업 연구를 반년 늦게 시작했지만 이렇게 그럭저럭 새로운 발견에 도달할 수 있었다. 그러나 여기까지는 전적으로 수컷의 관점에서 본 논의다. 수컷의 긴 교미기는 정자경쟁에 적응적으로 진화하는 과정에서 만들어졌다고 할 수 있고 그 원인은 암컷이 여러 수컷과 교미하기 때문이다.

그렇다면 암컷 작은흰수염집게벌레는 왜 그렇게 자주 많은 수컷들과 교미를 하는 걸까? 그리고 왜 입구 주변의 정자를 긁어내는 것만 허용한다는 듯이 긴 정자낭을 가지고 있는 걸까? 이런 의문은 내 대학원 석사와 박사과정의 연구 주제가 되었다. 후일 담은 제5장에서 소개하겠다.

예비 교미기를 가진 벌레

~~~

수컷 작은흰수염집게벌레는 귀이개처럼 생긴 삽입기를 두 개 가지고 있다. 교미를 할 때는 삽입기를 한 개만 사용하는데 왜 두 개나 있을까? 이것도 큰 의문이다.

집게벌레류에는 삽입기를 두 개 가진 무리와 한 개만 가진 무리가 있다. 작은흰수염집게벌레에 속하는 애흰수염집게벌레*Euborellia annulipes*는 긴 삽입기를 두 개 가지고 있는 종이 많다.

집게벌레류의 분류에서 새로 보고된 종을 보면 대부분 수컷 교미기의 그림이 그려져 있다. 그만큼 많은 분류학자가 자세히 관찰해 왔을 테지만 삽입기 두 개의 기능에 대해서는 놀랍게도 전혀 조사가 이루어지지 않았다.

'삽입기 두 개 중 하나는 기능을 하지 않는다(사용할 수 없다)'

고 언급한 논문도 있다. 아마 삽입기 두 개 중 하나는 삽입기 맨 끝부분(이 부분은 평소 페니스로브라는 꾸러미 속에 숨어 있다)이 구부러진 상태로 몸의 앞쪽을 향해 있기 때문에 그렇게 생각했을 것이다.그림 3-2

하지만 이 부분은 팔꿈치처럼 구부렸다 폈다 할 수 있다. 구체적인 근거 없이 적힌 논문 내용이 맞는지 내 눈으로 직접 확인해야 했다. 정말 삽입기 하나는 기능을 잃은 것일까?

좌우 삽입기 중 어느 쪽을 교미에 사용하는지 겉으로 봐서는 알 수 없다. 교미 중인 한 쌍을 급속 냉동시켜 살펴보면 어느 쪽 삽입기를 사용하는지 알 수 있겠지만 수컷은 죽어 버린다. 따라서 이 수컷의 또 다른 삽입기가 사용 가능한지 여부는 영원히 알 수 없게 된다.

그래서 다소 난폭한 방법을 생각해 냈다. 수컷을 교미하지 않은 암컷과 교미시킨다. 정자가 방출되기 시작하는 순간 수컷을 핀셋으로 집어 올려 암컷에게서 떼어 놓는다. 수컷의 삽입기는 매우 가늘기 때문에 핀셋을 섬세하게 이용해서 사용하던 삽입기를 꺾어 암컷의 정자낭에 남긴다. 암컷을 해부해서 삽입기가 파손되었는지 확인한 다음, 이번에는 이 수컷을 다른 암컷(역시 교미하지 않은)과 교미시킨다. 다시 정자가 방출되기 시작할 즈음

이번에는 암수를 함께 급속 냉동시키면 부러지지 않은 쪽의 삽입기를 사용해서 교미했는지 여부를 확인할 수 있다.

결과가 어땠을 것 같은가? 워낙 난폭한 조작을 받았기 때문에 교미를 제대로 할 수 있을까 걱정했는데 다행히 금방 정상적으로 교미하는 모습을 볼 수 있었다. 교미 시작 후 시간을 재서 액체질소로 급속 냉동한 다음 두근두근하는 마음으로 암수를 함께 해부했다. 역시 예측했던 대로였다. 수컷들은 모두 파손되지 않은 쪽 삽입기로 교미를 하여 암컷에게 정자를 전달했다.

먼저 오른쪽 삽입기를 잃어버린 수컷 다섯 마리는 왼쪽 삽입기를 사용하고 있었다. 다른 네 마리 수컷은 그 반대였다. 이렇게 양쪽 삽입기 두 개 모두 사용 가능하다는 것이 증명되었다. 이상하다는 생각이 들면 직접 확인해 봐야 하는 법이다.

이내 새로운 아이디어가 떠올랐다. 교미하는 동안 적에게 공격을 받는다든가 하는 이유로 교미를 중단해야 하는 상황은 야외에서도 일어날 수 있다. 교미 중인 암컷이 갑자기 날뛰면 삽입기가 빠지거나 손상될 수도 있다. 만약 야외에서 채집한 집게벌레 중 삽입기가 손상된 수컷이나 정자낭에 삽입기 파편이 들어 있는 암컷이 발견되면 수컷의 삽입기 두 개가 모두 사용 가능하다는 증거를 발견하는 셈이다. 즉 삽입기가 두 개인 이유는

'하나가 고장 났을 때를 위한 예비용'이라는 것이다.

작은흰수염집게벌레의 성충을 야외에서 대량으로 모으기는 어렵기 때문에 같은 부류인 집게벌레 중 교미기가 비슷한 민집게벌레*Anisolabis maritima*도 함께 모으기로 했다. 이 집게벌레는 해안이나 강어귀에 쌓인 쓰레기 밑에서 무더기로 잡힌다.

역시 예측했던 대로였다. 총 660개체 정도를 해부했더니 삽입기가 손상된 수컷 작은흰수염집게벌레 한 마리와 민집게벌레 두 마리, 그리고 정자낭에 삽입기 파편이 있던 암컷 민집게벌레 두 마리가 발견되었다. 빈도가 낮기는 하지만 교미하는 도중에 삽입기가 손상되는 '사건'이 야외에서도 일어나고 있다는 확실한 증거였다. 한쪽 삽입기를 잃은 수컷은 그 후에도 다른 한쪽 예비 삽입기로 번식 활동에 참여하고 있는 것이 분명했다.

일반적인 곤충처럼 교미기가 한 개일 경우 일단 손상되면 더 이상 자손을 남길 수 없다. 이런 경우 쉽게 손상되는 교미기를 가진 종류는 진화하지 않은 것 같다. 삽입기를 두 개 가진 것과 파손되기 쉬운 삽입기 사이에는 연관성이 있는 듯했다.

왜 두 개일까?

～～～

'삽입기가 파손되기 쉬우므로 예비용을 포함해서 두 개를 가지게 되었다.'

'원래 두 개였기 때문에 삽입기가 가늘고 길어서 파손되기 쉬웠음에도 진화한 것이다.'

어느 쪽이 정답일까? 두 가지 가능성이 있지만 정답은 후자라고 생각한다.

왜냐하면 삽입기가 두 개인 모든 집게벌레류가 가늘고 긴 삽입기를 가지고 있는 것은 아니기 때문이다. 짧은 삽입기 두 개를 가지고 있는 무리도 있다. 또 집게벌레 중에는 삽입기를 한 개만 가진 무리도 있는데 DNA 연구 결과 그들은 원래 두 개의 삽입기를 가진 조상이 진화한 것으로 추정된다.

'왜 집게벌레 조상은 원래부터 삽입기를 두 개나 가지고 있었을까?'

'왜 어떤 무리는 삽입기 두 개 중 한쪽을 진화 과정에서 소실해 버렸을까?'

의문이 더욱 솟구쳐 올랐다. 집게벌레 조상이 삽입기 두 개를 사용하는 모습을 직접 확인하는 것은 불가능하다. 교미 중인 상태에서 화석이 된 곤충은 극히 드물게 발견되기 때문이다. 하지만 원시적인 특징이 남아 있는 집게벌레류의 교미 행동을 관찰하면 그 조상이 어떤 생활을 했을지 상상할 단서를 얻을 수 있다.

곤충 중에서도 여전히 원시 상태에 머물러 있는 하루살이는 두 개의 교미기를 동시에 사용한다.그림 1-4 만약 집게벌레에게도 같은 현상이 발견되면 삽입기가 두 개가 된 기원을 설명할 수 있을 것이다.

집게벌레류 중에서도 원시적인 특징이 남아 있는 디플라티스과Diplatyidae와 긴가슴집게벌레과Pygidicranidae 부류는 대부분 아열대와 열대에 서식한다. 따라서 현재도 난세이 제도와 동남아에서는 채집과 관찰을 계속하고 있다. 지금까지 이곳에서 조사한 모든 집게벌레가 삽입기 두 개 중 하나를 교미할 때 사용하고 있고, 두 개를 동시에 사용하는 종류는 발견되지 않았다. 이후 두 개를 동시에 사용하는 종류가 발견될 가능성도 있지만 지금으로서는 '왜 집게벌레 조상이 두 개의 삽입기를 가지고 있었을까?'라는 질문에 대한 답을 찾지 못했다.

어쩌면 집게벌레 조상 중 두 개의 삽입기를 가진 것은 더 오래된 조상에게서 그 특징을 이어받았을 수도 있다. 이런 경우 집게벌레를 조사하는 것만으로는 그 이유를 알아낼 수 없다.

그러면 집게벌레류에 가장 가까운 곤충은 무엇일까? 아직 결론은 나지 않았지만 유력 후보는 강도래류Plecoptera다. 강도래류 유충은 하천이나 연못 등 물속에서 생활하지만 전체적인 분위기는 집게벌레류와 비슷하다. 강도래류 중 일부는 수컷이 정자를 방출하는 개폐부가 이중으로 되어 있다.

찬물에 서식하며 성충이 되기까지 대부분 오랜 시간이 걸리는 강도래류를 대량 사육해서 교미하는 모습을 관찰하기는 상당히 어렵다. 하지만 곤충의 조상이 교미하는 모습을 탐구하는 이 로맨틱한 연구 주제에 언젠가는 도전하고 싶다.

왼쪽을 쓸까, 오른쪽을 쓸까?

〰

2003년, 릿쿄대학 지구환경과학부에 취직했다. 캠퍼스는 여름 더위로 유명한 사이타마현 구마가야시에 있다. 그곳에서 조수로 생물학과 생태학, 화학 관련 실습을 담당하면서 연구를 계속해 갔다.

같은 학과 선배 세 명과 함께 지구과학, 수학, 생물화학 조수로 같은 연구실에서 근무했기 때문에 각 분야의 세계를 엿볼 수도 있었고 수학 문제에 대해서도 부담 없이 질문할 수 있었다. 이전까지 주변에 생물학과 사람들만 존재하는 환경에서 지내 온 나에게는 소중한 경험을 쌓을 수 있는 환경이었다.

하지만 학생 신분이었던 이전과 달리 바빴다. 이학부의 실습 수업은 저녁 늦게까지 계속되었다. 수업 틈틈이 그때까지의 성과를 논문으로 발표하고 박사논문도 마무리해야 했다. 그러다 보니 연구실이나 캠퍼스 내 숙소에 머무는 일도 많았다.

평소와 다름없이 대학에서 보내던 초여름 밤이었다. 캠퍼스를 걷고 있으니 큰집게벌레들이 눈에 많이 띄었다. 주변이 농지와 숲으로 둘러싸인 캠퍼스이다 보니 가로등 불빛에 모여드는 벌레를 잡아먹으려고 큰집게벌레도 모여드는 모양이었다.

이 집게벌레는 전 일본 해안에 서식하는 일반적인 종인데 그때까지 진지하게 이들의 교미를 조사해 보려는 생각은 하지 못했다. 작은흰수염집게벌레와 마찬가지로 삽입기가 두 개이지만 짧고 단순해서 그다지 재미있을 것 같지 않았기 때문이다. 그런데 왠지 그날은 '한번 조사해 볼까' 하는 생각이 들었다.

우선 수컷 몇 마리를 해부해 보았다. 한쪽 삽입기와 그것을 감싸고 있는 페니스는 금방이라도 교미할 수 있도록 뒤쪽으로 향해 있었다. 다른 한쪽은 뿌리 부분에서 꺾여 몸 앞쪽으로 향해 있었다. 작은흰수염집게벌레와 같은 구조다.

그런데 어떻게 된 일인지 몇 마리나 해부해도 모두 오른쪽 교미기가 뒤쪽으로 향해 있고 왼쪽 교미기는 앞쪽으로 꺾여 있었다. 이와 반대되는 구조는 거의 발견되지 않았다._{그림 3-5} 작은흰수염집게벌레는 두 사례가 거의 반씩 섞여 있었고 실제로 교미 중인 암수를 고정시켜서 한 실험에서도 좌우 교미기 사용 빈도에는 차이가 없었다.

혹시 큰집게벌레는 '오른교미기잡이'일까? 그게 아니라면 왜 왼쪽 교미기는 사용하지 않는 걸까? 여러 가지 의문이 한꺼번에 솟구쳐 곧장 실험에 착수했다.

우선 교미 중인 한 쌍을 고정시켜 보았다. 역시 오른쪽 교미기만 교미에 사용되었고 왼쪽은 거의 사용되지 않았다. 그런데 오른쪽과 왼쪽의 교미기는 길이뿐만 아니라 외형도 차이가 없었다. 그러면 왼쪽은 사용할 수 없는 교미기인 것일까?

나는 해부에는 꽤 익숙해서 큰집게벌레를 마취해 잠들게 하고 좌우 교미기 중 한쪽만 간단하게 절제했다. 이렇게 수술한 수

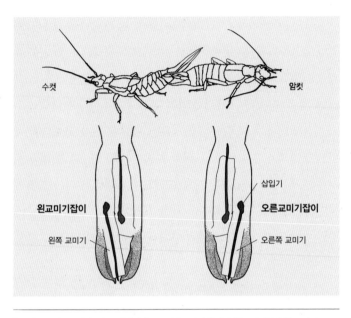

| 그림 3-5 | 교미 중인 큰집게벌레(위), 오른교미기잡이와 왼교미기잡이의 교미기(아래)

컷과 교미하지 않은 암컷을 하룻밤 함께 두었더니 좌우 어느 쪽 교미기를 절제하든 관계없이 거의 모든 수컷이 암컷에게 정자를 전달했음을 확인할 수 있었다.

야외에서 채집한 수컷은 대부분 '오른교미기잡이'였고 약 8퍼센트가 '왼교미기잡이'였다. 재미있는 것은 이 소수의 왼교미기

이상할지 모르지만 과학자입니다: 곤충의 교미

잡이 개체를 관찰해 본 결과 상당수의 오른쪽 교미기 상태가 비정상적이라는 것을 확인했다. 대부분 오른쪽 교미기의 일부 또는 거의 전체가 변색되어 있었다. 반면에 오른교미기잡이 개체의 왼쪽 교미기에는 그런 이상 증상이 거의 발견되지 않았다.

'아하! 원래 오른교미기잡이였던 수컷이 어떤 이유로 오른쪽 교미기에 상처가 나면 왼교미기잡이가 되는 거구나.'

평소에 밖으로 나올 일이 없는 교미기에 상처가 났다면 그것은 교미할 때 난 상처다. 큰집게벌레의 왼쪽 교미기는 오른쪽이 건재한 동안에는 전혀 쓰이지 않는, 진정한 의미의 '예비 교미기'인 것이다.

그 후에도 홋카이도에서 규슈까지, 그리고 말레이시아와 대만에서 종종 해안을 배회하며 큰집게벌레 연구를 계속하고 있다. 세계 어디서 조사를 해도 이 곤충은 오른교미기잡이였다(다만 말레이시아와 일본의 큰집게벌레는 유사하지만 별종일 가능성이 많고, 일본 내에서 서식하는 큰집게벌레도 여러 종이 포함되어 있을 가능성이 있다).

밤이 되면 지상에 모습을 드러내는 이 곤충도 낮에는 유목流木 밑으로 기어 들어가 따가운 햇살을 피한다. 그런데 유목에 서퍼들의 비치 샌들이 죽 늘어서 있는 광경을 보면 곤충만 찾아다니

는 내 모습과 비교되어 "아, 부럽다!"라고 투덜거리며 울고 싶어
질 때도 있다. 말레이시아와 태국 국경 인근의 인적이 없는 모래
사장을 하루 종일 걸어도 곤충이라고는 한 마리도 보지 못할 때
도 있다.

직감에 의존해서 걷다가 "그때 북쪽으로 가지 말고 남쪽으로
걸어갔더라면 곤충을 볼 수도 있었을 텐데" 하며 한정된 시간 속
에서 일희일비하기도 한다. 하지만 선택하지 않았던 길을 걸었
을 때 어떤 결과를 얻을지는 그저 상상만 할 수 있을 뿐이다. 나
는 늘 곤충채집이 인생의 축소판 같다는 생각을 한다.

유전이냐, 습관이냐 ─ 새로운 진화 이론을 만나다

~~~~~

이렇게 시작된 큰집게벌레 연구는 오른교미기잡이냐 왼교미
기잡이냐 하는 새로운 문제에 부딪쳤다. 곤충의 몸은 일반적으
로 좌우대칭이다. 그러나 교미기만 보면 좌우비대칭인 것이 상
당히 많다. 그 이유는 좌우 부분이 역할을 분업하거나(사마귀),

좌우비대칭이기 때문에 다른 기능을 하기도 하며(사향제비나비), 좌우비대칭인 교미 자세를 보완하는(파리 중 일부) 등 다양하다.

'좌우 교미기 모양에 차이는 없지만 오른쪽만 사용한다'는 점에서 큰집게벌레 사례는 특이하다. 재미있는 점은 큰집게벌레과는 왼교미기잡이가 없는(좌우가 거의 동일하게 사용되는) 집게벌레와, 진화 도중에 왼쪽 교미기를 소실하여 삽입기가 하나가 된 무리의 중간쯤으로 짐작된다는 점이다.그림 3-6 즉 오른쪽 교미기를 주로 사용하는 '행동'이 먼저 진화해서 사용 빈도가 낮아진 왼쪽 교미기가 나중에 퇴화했다(좌우 교미기 형태에 차이점이 나타났다)는 진화 시나리오를 생각할 수 있다.

제1장에서 소개한 대로 돌연변이야말로 생물 진화의 핵심이 되는 원료다. 그러면 생물의 형태와 습성은 돌연변이 없이는 전혀 변할 수 없는 걸까?

그렇지는 않다. 사람은 햇빛을 받으면 피부가 검어져서 유해한 자외선으로부터 DNA를 보호한다. 꿀벌도 훈련을 잘 받으면 먹이가 있는 접시 색깔을 구분할 수 있다. 이는 돌연변이에 의해 유전자가 변한 것이 아니라 가지고 있던 유전자의 '사용'이 달라졌을 뿐이다.

생물의 성질(색, 형태, 사고 회로 등)이 학습을 비롯해 돌연변이에 의존하지 않는 방법으로 변화하면 나중에는 돌연변이가 학습을 따라가는 형태로 진화할 가능성도 있다. 이러한 진화를 '유전적동화'라고 한다. 집게벌레류의 교미기 진화에 나타난 것은 이 유전적동화일 가능성이 높다.

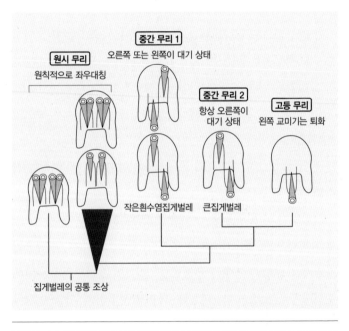

| 그림 3-6 | 집게벌레 계통도 및 수컷 교미기 진화 약도 (역삼각형 부분은 공통 조상을 포함하고 있지만 그 분류가 그 공통 조상의 모든 자손을 포함하지는 않는 측계통군 側系統群)

다시 말해 원래 좌우 어느 교미기를 사용해도 똑같이 교미할 수 있지만 한쪽만 사용한 결과 나머지 한쪽은 원시적인 상태가 된 것 같다. 교미기를 두 개 가진 집게벌레류 중 대부분은 지금도 오른쪽과 왼쪽을 비슷한 빈도로 사용한다.

그런데 예를 들어 암컷의 교미기 형태가 변화함에 따라 수컷 입장에서는 오른쪽 교미기를 사용하는 편이 정자를 쉽게 전달할 수 있는 상황이 발생했다고 하자. 수컷들은 학습을 통해 오른쪽 만 사용하게 될 것이다. 그러다가 결국 타고난 오른교미기잡이 인 돌연변이가 발생하면(이런 긍정적인 방향의 돌연변이는 쉽게 생기지 않겠지만) 그 유전자가 이어지게 될 것이다. '학습'이라는 시행착오는 애초에 생략되고 성충이 된 처음부터 유리한 오른쪽 교미기를 사용할 수 있기 때문이다. 큰집게벌레는 이런 상태, 즉 유전자가 학습을 따라간 상태라고 생각된다.

수컷 곤충들의 왼쪽 교미기는 형태상으로는 변하지 않았기 때문에 지금도 만일의 경우를 대비한 예비용으로 작동한다. 그러나 이런 상황이 계속 이어져 왼쪽 교미기가 활약할 기회가 줄어든다면 결국 퇴화될 가능성이 있다. 현재 교미기를 한 개만 가진 집게벌레들은 그런 조상의 자손이라고 볼 수 있다.

사람의 경우에도 오른손잡이가 압도적으로 많다. 그 원인은 우뇌와 좌뇌의 기능 분업 때문이라고 할 수 있다. 큰집게벌레에게서 이러한 뇌 분화가 발생하는지는 분명하지 않다. 또 이 이야기에서 가정했듯이 정말 오른쪽 교미기를 사용하는 편이 교미를 할 때 더 효율적일까? 이 부분에 대해서는 아시아 각지에서 표본을 수집하면서 지금도 연구를 이어 가고 있다.

제 4 장

북쪽으로 남쪽으로,
새로운 수수께끼와 만나다

다시 '두 개'라는 것이 문제

～～～

2005년 봄, 홋카이도대학 농학부로 근무지를 옮겼다. 처음으로 간토를 떠나 설국 생활을 하게 된 것이다. 삿포로에 도착하자 눈 세례를 받았다. 과연 눈의 도시였다.

집게벌레류의 교미기 진화를 계속 연구하려면 다양성을 추구해야 하고, 그러기 위해서는 아열대와 열대 지역 곤충에게로 손을 뻗어야 한다고 생각했다. 그러나 나의 연구는 1년 내내 하는 사육 실험을 기본으로 하므로 장기간의 채집 여행과 동시에 하기는 어려웠다. 그래서 홋카이도에서도 쉽게 구할 수 있는 다른 곤충을 통해 나의 연구 세계를 넓혀 가야겠다고 결심했다.

그래서 선택한 연구 대상은 초파리류다. 여름철에 과일 껍질을 부엌에 방치해 두면 어디선가 모여드는 날파리 같은 것이 대부분 초파리류다. '파리'라고 하니 좀 꺼려질 수도 있지만 알고 보면 빨갛고 큰 겹눈을 가진 작고 귀여운 곤충이다.

작은 유리병에 넣어 두면 약 2주일 동안 새끼 수백 마리를 얻을 수 있다. 이런 점이 초파리가 100년이 넘는 오랜 세월 동안 유전학의 연구 재료로 애용되어 온 이유다. 고등학교 생물 수업 시간에 이런 내용을 들어 본 사람도 많을 것이다. 특히 노랑초파리는 세계에서 가장 자주 연구되는 곤충이라고 할 수 있다.

엄청난 수의 초파리 새끼를 얻었지만 사육을 어떻게 해야 할지 난감했다. 그래서 초파리가 어떤 계절에 적응하는지, 천적과의 관계는 어떠한지를 알기 위해 전문가인 지구환경과학부 소속인 기무라 마사토 씨에게 도움을 청했다.

기무라 씨 연구실은 학부에서 사용하는 본관 건물과 떨어진 곳에 있었다. 우선 파리의 먹이를 만드는 일부터 배웠다. 큰 냄비에 옥수수와 볏과 식물인 소맥배아 따위를 넣고 걸쭉하게 끓였다. 흰점박이초파리 *Drosophila auraria* 유형을 연구해 볼 작정이었는데 '내친김에 좀 더 길러 볼까?' 하는 생각이 들어 여러 종류의 파리를 달라고 해 버렸다.

기무라 씨에게 어떤 의도가 있었는지는 알 수 없지만 이렇게 내친김에 받게 된 파리가 내 후속 연구를 결정하게 됐다. 왜냐하면 내가 당초 계획했던 성에 관한 유전학 연구는 일찌감치 실패했기 때문이다(나중에 기무라 씨가 "그건 안될 거라고 생각했어"라고 했지만 그럼에도 말리지 않고 지켜봐 준 것은 고마웠다).

그리고 '내친김에' 받았던 비펙티나타초파리*Drosophila bipectinata*의 교미기를 무심히 현미경으로 관찰해 보았다. '이게 뭐지?' 초파리 부류는 삽입기가 수컷 교미기의 한가운데에 자리 잡고 있다. 이것이 포유류의 음경에 해당하는 기능을 하는 관이다. 그런데 비펙티나타초파리에게는 삽입기가 없다. 대신 사나워 보이는 갈퀴발톱 한 쌍을 가지고 있다.그림 4-1.① 삽입기 없이 어떻게 암컷에게 정자를 전달하는 걸까? 그런 생각이 들자 몹시 궁금해졌다.

이 이상하게 생긴 교미기의 비밀을 풀어 봐야겠다고 결심했다. 연구 재료가 바뀌었을 뿐 집게벌레를 연구하던 시절과 비교해서 나는 아무것도 변하지 않았다고 생각했다. 여전히 열정이 끓어올랐던 것이다.

관찰을 시작하자 교미를 끝낸 암컷의 교미기에는 갈색으로 변색된 부분이 한 쌍 보였다.그림 4-1.③ 이것은 교미할 때 수컷의 갈퀴발톱에 긁혀 상처가 났다가 결국 '딱지'가 된 부분임을 직감했다. 교미하지 않은 암컷에게서는 딱지가 보이지 않았다는 것이 그 증거였다.

이 딱지는 암컷의 생식구(난자의 출구이자 초파리 수컷의 삽입기가

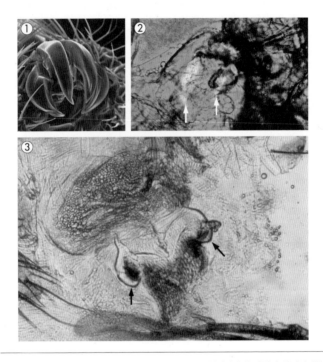

| 그림 4-1 | ① 수컷 비펙티나타초파리 교미기 ② 형광염색된 정액이 암컷의 생식관으로 유입되는 모습(흰색 화살표 끝의 흰 부분, 파라비펙티나타초파리*Drosophila parabipectinata*) ③ 암컷의 '주머니'에 붙어 있는 딱지(검은색 화살표)

들어가는 입구) 양쪽에 있는 얇은 막 움푹 들어간 곳에 붙어 있었다. 이곳을 '주머니'라고 명명하자. 수컷의 갈퀴발톱이 이 주머니를 찔러서 결국 딱지가 생긴 것이다.

이 추측을 증명하는 방법은 직설적이다. 예를 들어 교미 중인 파리를 액체질소로 급속 냉동시켜서 관찰하면 된다. 그런데 이번에는 조금 더 머리를 썼다. 정액을 암컷에게 건네주는 모습을 보기 위해 수컷에게만 로다민 B라는 붉은 형광색소를 섞은 먹이를 먹여 두었다.

그때까지 조사한 모든 곤충에게 이와 같은 방법으로 정액을 형광염색할 수 있었다. 사실 이 물질은 이미 명란젓의 착색료로 사용되고 있다. 아마 명란젓을 먹은 인간 남성의 정액도 분명 붉은 형광빛을 발할 것이다.

실험 결과는 명쾌했다. 주머니에 박힌 한 쌍의 갈퀴발톱 끝에서 (특정 파장의 빛을 쬐면) 붉게 빛나는 정액이 두 줄기가 되어 암컷의 생식관으로 들어갔다.그림 4-1.② 수컷이 암컷 생식구 양쪽 벽에 상처를 내어 그 상처를 통해 정액을 주입하는 것이었다. 이와 비슷한 현상은 비펙티나타초파리와 유사한 초파리 3종에서도 확인할 수 있었다.

이처럼 '기이한 습성'이라 할 만한 교미는 어떻게 진화해 왔을까? 우선 발생 계통이 가까운 종인 근연종과 비교하는 것이 일반적인 방법이다. 근연종인 아나나세초파리*Drosophila ananassae*를 살펴보면 삽입기 자체가 아니라 그 양쪽에 있는 가시가 암컷의 생식구 옆에 있는 주머니를 찌른다.

과거 연구를 보면 비펙티나타초파리류에서 볼 수 있는 발톱 모양 돌기는 삽입기가 두 갈래 난 것으로 해석되어 있다. 그러나 앞선 실험 결과를 보면 삽입기가 두 개로 갈라진 것이 아니라 삽입기가 퇴화되고 양쪽 가시가 거대해져 발톱 모양이 되었을 가능성이 크다. 도대체 어느 쪽이 정답일까?

어렵게 생각했던 이 문제는 다행히 쉽게 해결되었다. 전자현미경으로 수컷 비펙티나타초파리의 교미기를 다수 관찰한 결과 발톱처럼 생긴 돌기 두 개 사이에 흐늘흐늘하게 퇴화한 삽입기를 발견했다.그림 4-2, 오른쪽 위 부드러운 구조로 되어 있는 삽입기의 형태를 확인하기 위해 많은 샘플을 확인해야 했다.

내가 예상했던 대로 비펙티나타초파리의 삽입기는 퇴화했고 정자를 전달하는 기능이 양쪽에 있는 가시로 이동했음을 확인했다. 즉 암컷의 주머니를 찔러서 상처를 입히는 가시가 정자를 전달하는 기능도 겸하고 있었다.그림 4-2

줄곧 파리를 감정해 온 기무라 씨에게 이 결정적인 사진 한 장

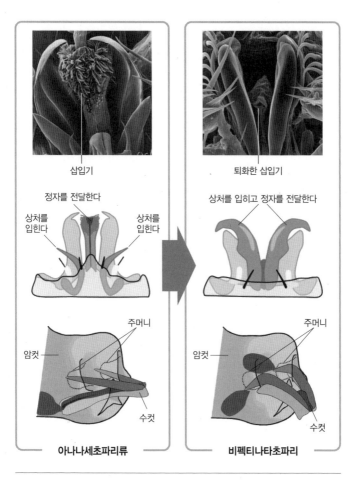

삽입기

퇴화한 삽입기

정자를 전달한다

상처를 입히고 정자를 전달한다

상처를 입힌다

상처를 입힌다

주머니

주머니

암컷

암컷

수컷

수컷

아나나세초파리류

비펙티나타초파리

| **그림 4-2** | 아나나세초파리류에서 비펙티나타초파리류로 진화. 삽입기가 퇴화해서 정자를 전달하는 기능이 삽입기 가까이에 있던 가시로 옮겨졌다.

을 보여 줬다.

"이게 어떤 파리의 교미기인지 아시겠어요?"

"모르겠는데."

"비펙티나타초파리예요. 여기 삽입기가 보이죠?"

"어, 삽입기가 남아 있었던 거야?"

이런 발견의 기쁨을 맛볼 수 있어서 곤충의 형태 연구를 도저히 그만둘 수 없다.

왜 가시로 정자를 전달하게 되었을까?

~~~~~

왜 정자를 전달하는 기능이 삽입기에서 가시로 이동했을까? 이 두 기관은 이웃 관계다. 초파리를 포함한 파리, 모기, 쇠가죽파리 등 앞날개 한 쌍으로 비행하고, 뒷날개는 퇴화한 쌍시류雙翅類의 수컷 교미기는 굉장히 다양하고 대체로 복잡하다.그림 4-2, 중앙 삽입기 이외에도 정자를 전달하는 부분은 다양하다. 멀리 있는 다른 기관으로 기능이 옮겨 가려면 변혁이 필요하지만 이웃한 기관으로 이동하는 것은 그리 크지 않은 변화로도 가능하다.

그러나 무엇이 정자 전달 기능을 이동하게 했는지는 여전히 알아내지 못한 상태다. 상처 입은 곳을 통해 정자를 전달하는 행동이 진화했을 경우 이제 암컷이 상처를 피하기 위해 대항적 진화counter evolution를 하기는 어렵다. 암컷은 번식을 위해 적어도 한 번은 정자를 받아야 하기 때문이다. 수컷은 상처 입히기와 정자 이동을 '끼워 팔기'하고 있을 가능성이 있다. 하지만 애당초 수컷은 왜 암컷에게 상처를 입히게 된 것일까? 이 의문에 대해서는 이 장 마지막 부분에서 곰곰이 생각해 보기로 하자.

초파리류는 일본에 존재하는 것만 약 300종이며, 일본 안팎의 연구 기관에서 생체를 받을 수 있는 종류도 많다. 그중 약 30종을 관찰한 결과 교미할 때 수컷이 암컷에게 상처를 입히는 것은 과반수의 종류에서 나타나는 보편적인 현상임이 판명되었다(단 그 상처를 통해 정자를 전달하는 것은 비펙티나타초파리류뿐이다).

놀랍게도 교미할 때 상처를 입히는 종류에는 노랑초파리도 포함되어 있었다. 노랑초파리는 지구상에서 가장 흔하게 연구되는 생물이다. 지금까지 많은 연구자가 이 곤충의 암컷 교미기를 관찰해 왔지만 의식하지 않았기 때문에 '딱지'를 간과해 온 것이다. 딱지를 발견하기는 했지만 나도 여러 가지 중요한 일들을 의식하지 못한 채 간과해 버리는 경우가 분명 있다.

동경하던 열대 아시아로

~~~~

　2008년에 나는 홋카이도대학에서 지금까지 일하고 있는 게이오대학으로 옮겨 인문계 학생을 대상으로 생물학 강의를 하면서 초파리 연구를 이어 갔다. 그러던 중 대학 측에서 제안해 1년간 해외에서 연구를 할 기회를 얻었다.

　'유학을 어디로 갈까?' 유럽이나 미국으로 건너가 분야의 저명한 교수 밑에서 연구하며 인맥도 얻는 쪽을 선택하는 게 일반적일 것이다. 하지만 막상 기회를 얻게 되니 고민이 되었다. 대규모 연구실 프로젝트에 편입되어 일을 하는 것에는 흥미가 생기지 않았다. 고민 끝에 연구되지 않은 재료가 각지에 널린 열대지방으로 마음을 돌렸다. 그리하여 동경하던 열대에서 1년을 보낼 기회를 얻은 것이다!

　열대 곤충의 매력이란 다양성에만 있는 것이 아니다. 연간 기온 변화가 크지 않고 일조시간도 거의 일정한 열대에 서식하는 곤충들 중에는 적당한 온도가 주어지면 한 해 내내 번식을 하는 종류가 많다. 반면에 사계절이 뚜렷한 온대 곤충은 일반적으로 번식기가 명확하게 정해져 있다. 관찰할 기회가 1년에 몇 주에 불과하고, 한 번 저온을 경험해야 번식을 시작하는 등 연구를 효율적으로 진행시키는 데 넘어야 할 장벽이 높은 종류가 많다.

그러나 열대 지역에는 곤충의 기초적인 생태를 연구하고 있는 대학이 적다. 현장과 가깝고 곤충을 늘 대량으로 사육할 수 있으며 현미경 관찰 시설도 잘 갖추어진 연구실을 구하기란 상당히 어려웠다.

유학까지 반년이 남았을 무렵, 한 연구자에게 접촉을 시도했다. 말레이시아 페낭섬에 있는 말레이시아과학대학의 리차우양 교수다. 관광지로만 이름을 들어 본 이 섬이 말레이시아 섬인 줄은 그때까지 몰랐다. 게다가 그런 관광 섬에 톱클래스 국립대학이 있다는 사실도.

리 교수의 전공은 도시의 해충방제였는데 섬에서 신종 곤충을 발견하는 등 기초 연구 실적이 있었다. 무엇보다 바퀴벌레, 흰개미, 개미, 바구미, 다듬이벌레 등 다양한 곤충을 실험실에서 사육하고 있었다. 섬 지도를 보니 도쿄 23구의 절반쯤 되는 아담

한 면적에 원시림부터 마을 야산, 해안까지 다양한 환경이 갖추어져 있었다.^{그림 4-3}

'여기가 딱이네!'라고 직감하고 즉시 리 교수에게 메일을 보냈다. 한 시간이 채 되기 전에 "유학 오세요"라며 승낙하는 답장이 왔다. 논문을 많이 쓴 사람은 역시 메일 답장도 빨랐다! 이후 일이 순조롭게 진행되어 말레이시아 정부에 연구 허가 신청을 하고 급하게 비자 취득 절차를 밟았다.

2012년 3월 말, 말레이시아를 향해 홀로 유학길에 올랐다. 아침에는 대학에 들러 교미 행동 기록용으로 세팅해 둔 비디오를

| **그림 4-3** | 하숙집에서 본 페낭섬 전경. 오른쪽이 대학 캠퍼스이다. 정면에 보이는 해발 200~300미터짜리 작은 구릉은 집게벌레의 보고다. 다른 방에서는 바다도 보였다.

이상할지 모르지만 과학자입니다: 곤충의 교미

정지시킨다. 그런 다음 가까운 곳은 도보로, 먼 거리에 있는 현장에는 버스를 타고 갔다. 낮 동안 숲에서 정신없이 채집하는 날들이 계속되었다.

처음에는 썩은 나무속에서 나오는 거대한 노래기와 전갈에 일일이 흥분했지만 점차 익숙해졌다. 그래도 채집하는 동안에나 오가는 길에 원숭이와 나무두더지, 다채로운 조류와 나비, 용수로를 헤엄치는 물고기, 본 적도 없는 식물 등 매일 무언가와 만난다는 사실이 즐거웠다.

집으로 돌아와 시원하게 샤워를 하고 나면 다시 연구실로 향한다. 채집품을 정리하고 사육하고 있는 벌레들을 돌보고, 현미경으로 관찰하며, 동영상 촬영을 세팅한 후 다시 집으로 돌아간다. 밤에는 논문을 작성하거나 채집품 분류 작업을 했다.

인디언과 무슬림이 운영하는 24시간 레스토랑(말레이시아인, 인도인, 중국인이 모두 모인다)에 앉아 텔레비전으로 축구 중계방송을 보며 열광하는 사람들의 환호성 속에서 뜨거운 홍차를 마시고 논문 원고에서 마음에 들지 않는 부분을 손보며 지극히 한가로운 시간을 보냈다.

밤에는 페낭 숲에서 바스락거리는 마른 낙엽 소리를 자주 들었다. 흰개미류가 무리 지어 낙엽을 먹어 치우는 소리다. 엄청난 속도로 낙엽이 사라지는 모습을 눈으로 보면 열대에서 푹신푹신한 토양을 찾아볼 수 없는 이유를 이해할 수 있다. 먹잇감은 식물만이 아니다. 왕도마뱀 시체에서 구더기가 나오기 시작하더니 일주일 만에 시체가 흔적도 없이 사라지는 광경도 목격했다. 교과서 수준의 지식이지만 열대 생태계에서 직접 한 경험은 지금까지도 수업을 하는 데 귀한 밑거름이 되고 있다.

이과 연구자들은 대학원 수료 후 박사후연구원으로 해외 연구실에서 연수를 받는 것이 일반적이다. 이 기간은 순수하게 연구에 전념할 수 있는 기간이다. 나는 그 과정을 거치지 않고 바로 수업에 쫓기는 생활에 뛰어들었기 때문에 말레이시아에서의 1년을 내 나름의 박사후연구원 생활이라 여기며 즐겼다.

연구 분야에서도 집게벌레류를 중심으로 큰 수확을 얻었다. 의외로 원시 열대우림(이우시과 숲)보다 두리안과 고무 등 플랜테이션(재식농업)을 포함한 마을 야산에서 많은 종류를 채집할 수 있었다. 덕분에 귀국 후 신종 집게벌레 3종의 이름을 지어 줄 수 있었다.

빈대의 '피하주사' 교미

~~~~~~

지금부터는 오랫동안 염원했던 빈대*Cimex lectularius* 연구를 소개하겠다. 말레이시아 현지에 도착할 때까지는 몰랐는데 내가 동경해 온 이 벌레가 공교롭게도 리 교수 실험실에서 사육되고 있었다.

빈대는 노린재 계통의 이단아다. 가구 뒤에 숨어 있다가 밤에 사람들이 잠들면 덮쳐서 피를 빨아 먹는다. 예전에 일본에서는 '난징벌레南京虫'라고 했다. 한때 살충제로 급감했지만 살충제 저항성을 진화시켜 최근 다시 세계적으로 만연하고 있다.

빈대 수컷의 교미기는 단순하다. 휘어진 날카로운 주삿바늘 모양의 교미기 한 개가 몸 오른쪽에서 왼쪽으로 뻗어 있다. 그 외에 눈에 띄는 구조는 없다.그림 4-4. 아래 이 교미기로 보면 노린재와 매미 같이 날개 중 절반만 경화된 부류인 반시류半翅類의 이단아인 셈이다.

이 책 서두에 나오는 **퀴즈 F의 정답인 참매미** 수컷의 교미기를 예로 들 수 있다. 깜짝 상자를 떠올리면 반시류 수컷 교미기의 기본 구조를 쉽게 이해할 수 있다.그림 4-4 빈대의 교미기는 원

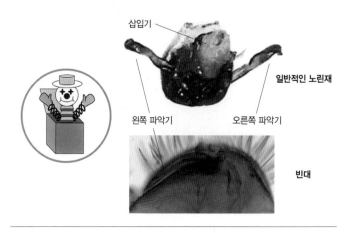

삽입기

일반적인 노린재

왼쪽 파악기　　　오른쪽 파악기

빈대

| 그림 4-4 | 반시류의 교미기는 깜짝 상자를 떠올리면 된다. 일반적인 노린재(사진은 붉은무늬침노린재 *Haematoloecha nigrorufa*)의 교미기를 보면 알 수 있다. 하지만 빈대의 교미기는 왼쪽 파악기 외에는 거의 퇴화되어 겉으로는 보이지 않는다.

래 정자를 전달하는 관 역할을 하는 삽입기(그림 4-4, 피에로의 얼굴과 몸통)가 부드러운 막질 구조로 퇴화되어 주삿바늘처럼 생긴 왼쪽 파악기(피에로의 오른손)에 둘러싸여 버렸다. 오른쪽 파악기(피에로의 왼손)는 완전히 퇴화되어 흔적도 없다.

그런데 이 주삿바늘처럼 생긴 파악기는 어떻게 사용할까? 이번에는 암컷을 살펴보자. 사람으로 치면 오른쪽 옆구리에 해당하는 부분으로, 이 단단한 옆구리에 "여기야!"라고 하듯 틈이 있

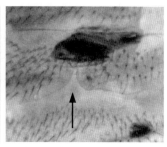

| **그림 4-5** | 반날개빈대의 교미(왼쪽)와 암컷의 오른쪽 옆구리에 있는 틈의 구조(오른쪽, 화살표)

다.^{그림 4-5, 오른쪽} 일반적으로 곤충은 복부 끝부분으로 교미하는데 암컷은 2차 교미기인 부생식기가 오른쪽 옆구리에 달려 있어 이쪽으로 수컷의 날카로운 교미기를 받아들이는 것이다.

수컷 빈대는 움직이는 물체면 무턱대고 달려들어 교미하려 한다. 상대가 암컷임을 확인하면 강제라도 집요하게 교미를 시도한다. 그러면서 암컷 등에 탄 상태로 암컷 오른쪽 옆구리에 있는 부생식기를 겨냥해 날카로운 교미기로 찌른다.^{그림 4-5, 왼쪽} 교미가 제대로 이루어진 경우 수컷의 날카로운 교미기가 틈 안쪽에 있는 체벽을 뚫어 암컷 몸속으로 정자를 주입한다. 즉 '정액 피하주사'인 것이다. 그렇다고 빈대 수컷이 갑자기 피하주사를 놓는 것은 아니다.

틈 바로 안쪽에 부생식기라는 특수 기관이 대기하고 있어 이곳에 정자가 들어 있는 정액이 주입된다. 이 부생식기의 본체는 팥소 없는 찐빵 같은 구조다. 여기에는 정자를 포식한 후 소화하는 혈구세포가 대기하고 있을 뿐이라 정자를 장기적으로 저장하기 위한 장소는 아닌 듯하다.

이후 정자는 두 단계 여행을 한다. 먼저 수란관에 연결된 일시적 정자 저장 기관인 정자낭으로 1단계 여행을 떠난다. 여기까지는 아무런 선로도 깔려 있지 않다. 정자는 다발을 이루어 부생식기의 벽을 빠져나가 암컷의 체액(또는 혈액) 속을 헤엄쳐 간다. 다음으로 정자는 난소로 2단계 여행을 떠난다. 일반적으로 곤충의 성숙란은 수란관을 타고 내려가 산란되기 직전에 정자낭에 저장된 정자를 만나 수정된다. 그러나 빈대류의 정자는 이와 반대로 수란관을 타고 난소로 거슬러 올라가며, 거기서 직접 난자를 만나 수정한다.

이상이 이전의 연구로 밝혀진 정상 궤도를 이탈한 빈대의 교미 형태다. 과연 이것이 사실일까? 언젠가는 내 눈으로 꼭 확인하고 싶었다. 이제 이 벌레를 내가 동경했던 이유를 독자들은 이해할 수 있을 것이다.

발견! 수수께끼 같은 더블 암컷

~~~~~

리 교수의 연구실에서는 최근 열대에서 맹위를 떨치는 반날개빈대 *Cimex hemipterus* 가 사육되고 있었다. 이 종의 교미는 기본적으로 빈대와 같다. 사육용 먹이는 다름 아닌 사육 담당 학생의 '피'였다. 마침 사육 담당이었던 학생이 취업 때문에 연구실을 떠나 있던 때여서 빈대는 흡혈원을 잃고 연구실에서 소멸될 위기에 처해 있었다.

나는 솔직히 이 빈대 사육을 이어받아야 할지 망설여졌다. 내가 '먹이'가 되어 빈대에게 피를 내줄 각오는 하고 있었지만 단신 부임지에서 정체 모를 벌레에게 흡혈당하는 것을 알면 가족들이 뭐라고 할까? 또 선배들이 이미 다 연구했다는 이 곤충으로 성과를 남길 수 있을지도 상당히 의문이었다. 하지만 빈대를 연구할 수 있는 기회는 다시 오지 않을지도 모른다. 결국 나는 연구를 진행하기로 결심했다.

1~2주일에 한 번씩 빈대를 작은 병에 모아서 병 입구를 그물로 덮고 고무줄로 고정시켰다. 그 병 입구를 내 몸에 30분 정도 대고 있으면 그물망 너머로 벌레들이 흡혈을 한다. 사람에 따라

다르지만 흡혈을 당한 뒤 조금 지나자 몸이 가렵기 시작했다. 반복적으로 같은 부위를 흡혈하게 하면 자국이 쉽게 남는다. 덕분에 내 왼팔에는 5년이 지난 지금도 추억의 흰 반점이 남아 있다. 혹시라도 빈대를 사육하려는 사람이 있다면 흡혈 부위를 매번 바꾸기를 권한다.

우선 기존 연구 내용을 내 눈으로 직접 확인해 보았다. 예리한 낫처럼 생긴 수컷의 교미기, 암컷의 오른쪽 옆구리에 있는 틈, 모두 감동이었다.

부생식기는 상상했던 것보다 컸다. 암컷의 복부는 상당한 부피를 차지하고 있다. 놀랍게도 정액이 가득 들어오면 그 부분이 하얗게 변하는 것이 암컷의 몸 바깥쪽에서도 보였다.그림 4-6. ① 부생식기에서 여행을 떠나 무리를 이루면서 체액 속을 천천히 헤엄쳐 다니는 정자를 육안으로 볼 수 있는 것도 감동적이었다. 역시 많은 이들의 연구 대상이 되는 벌레다웠다. 이로써 교미와 번식의 메커니즘이 기상천외하다는 기존 연구 기록에 오류가 없다는 생각이 들었다.

그런데 어느 날 이상한 암컷을 발견했다. 아무래도 부생식기가 아닌 다른 곳에 정자가 주입되고 있는 것 같았다. 수컷 반날개빈대는 몹시 당황하면서도(그렇게 보였다) 집요하게 교미를 시도했다.

'혹시 실수로 다른 부위를 찔러 버린 것이 아닐까?' 하는 생각이 들자 즉시 사육병 바닥에 대량으로 남아 있던 시체를 모아 알칼리 용액으로 끓여서 몸의 부드러운 부분을 녹여 보았다. 그러

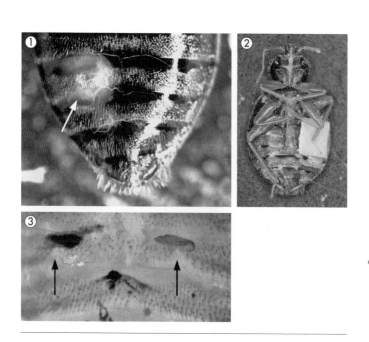

| **그림 4-6** | ① R 암컷 반날개빈대의 체표 너머로 보이는 부생식기 속의 정액(화살표)
② 왼쪽 옆구리를 종잇조각으로 막아 놓은 암컷 ③ D 암컷의 복부 양쪽에 있는 틈(화살표)

자 딱딱한 외골격만 깔끔하게 남았다. 틈 안쪽에 있는 정기적으로 찔린 부위를 포함하여 수컷 교미기가 관통한 부분에는 검은 딱지가 남아 있었다. 곤충의 경우 탈피하지 않는 한 딱지는 평생 남기 때문에 외골격을 표본검사해서 그 분포를 살펴볼 생각이었다.

그 결과 전체 암컷 가운데 약 30퍼센트에게서 정기적으로 찔린 부위 외에 다양한 부분에서 딱지가 발견되었다. 딱지는 정기적으로 찔린 부위 주변에서도 외골격이 부드러운 부분에 집중되어 있었다. 틈을 찌르려고 시도하다가 다른 곳도 찔러 버린 것처럼 보였다.

조사를 하면서 뜻밖의 수확도 얻었다. 복부 오른쪽뿐 아니라 왼쪽에도 틈을 가진 암컷이 있다는 것을 알게 된 것이다.그림 4-6. ③ 당황스러운 마음에 살아 있는 개체도 살펴보니 역시 304마리에 1마리 정도의 비율로 그런 암컷이 발견되었다. 양쪽에 틈이 있는 암컷은 대부분 부생식기도 양쪽에 있었다.

즉 이런 암컷은 "몸의 양쪽에 있다고!"라고 말하는 듯한 몸을 지닌 것이다. 상당히 재미있는 발견이었다. 딱지를 조사한 결과 수컷은 기본적으로 암컷의 복부 오른쪽을 공격한다는 것을 알았다. 왼쪽에도 찔릴 준비를 하고 있는 암컷이 있기는 하지만 304

마리에 1마리라는 비율은 단순한 기형이라고 생각하기에는 빈도가 너무 높다. 조사해야 할 주제가 차례로 머릿속에 떠올랐다.

문헌을 찾아보니 양쪽에 부생식기가 있는 빈대류는 이미 100년 전부터 보고되어 있고 'D 암컷'('double'의 D일 것이다)이라고 불린다는 것을 알았다. 오른쪽에만 부생식기가 있는 일반 암컷은 'R 암컷'(right의 R일 것이다)이다.

기존 연구에서 D 암컷의 비율이 때때로 약 40퍼센트에 달했고, 'D 암컷의 출생 용이성'은 유전된다는 것도 확인했다. 'D 암컷의 왼쪽 부생식기는 사용되지 않는 것 같다'라는 기록을 발견하고 조금 실망했는데 어떤 관찰을 해서 나온 결과인지 알 수 없었다. 구체적이며 정량적인 증거가 없는 기록은 의심해 봐야 한다. 이는 집게벌레 연구에서 배운 점이다. 나는 왼쪽 부생식기의 기능을 확인하는 실험에 착수했다.

수컷이 왼쪽 부생식기를 찌르는 경우가 있는지부터 조사해 보기로 했다. 주의할 점은 D 암컷과 수컷이 함께 있는 것만으로는 충분하지 않다는 것이다. D 암컷은 오른쪽에도 부생식기를 가지고 있기 때문에 이쪽으로 교미를 끝내 버릴지도 모른다. 오른쪽 부생식기를 사용할 수 없는 경우 혹은 잘못 찔린 경우 예비로 왼쪽이 기능하는 것일 수도 있기 때문에 수컷이 오른쪽 부생식기에 접근할 수 없는 상황을 만들어야 했다.

우선 교미하지 않은 D 암컷과 R 암컷의 오른쪽 또는 왼쪽 옆구리에 1제곱 밀리미터짜리 종잇조각을 붙여서 부생식기를 막아 보았다.그림 4-6. ② 하지만 이렇게 하면 안 될 것 같았다. 암컷이 죽을 수도 있었다. 암컷이 마취로는 죽지 않지만 종잇조각을 붙일 때 순간접착제를 사용하면 100퍼센트 죽을 것이다. 미처 생각하지 못한 이유로 연구가 좌절될 지경이었다.

그때 구세주가 나타났다. 잠시 일본에 다녀올 때 순간접착제 '아론알파'를 사 와서 시험해 보았더니 순식간에 문제가 해결되었다. 이 접착제를 사용하면 암컷이 죽지 않는다. 종잇조각이 떨어지는 일도 거의 없다.

실험 결과는 명쾌했다. 왼쪽을 막아도 교미는 발생했지만 오른쪽을 막으면 D 암컷과 R 암컷 모두 교미를 전혀 하지 못했다. 역시 수컷은 D 암컷의 왼쪽 부생식기를 사용하지 못하는 것 같았다.

찌를 것인가, 찔릴 것인가

~~~~~

여기서 주의할 점은 '왼쪽 부생식기가 사용되지 않는다'와 '왼쪽 부생식기에는 정자를 받아들이는 기능이 없다'는 별개라는 사실이다. 수컷이 이용하지는 못하지만 과연 정자를 받아들일 능력이 없는 걸까? 수컷이 사용하지 않으니 알아내려면 인위적으로 정액을 넣어 보는 수밖에 없다.

과거 연구를 보면 빈대의 정자는 부생식기 안에서 정액 물질과 섞여야 활성화된다고 나와 있다. 그래서 교미 직후 R 암컷의 부생식기에서 정액을 채취해서 이것을 D 암컷의 왼쪽 부생식기에 주입하기로 했다.

안타깝게도 당시 내가 있던 연구실에는 미량 주입용 장비 같은 것이 없어서 가지고 있는 장비로 어떻게든 대처해야 했다. 가는 플라스틱관을 라이터로 달군 다음 잡아당겨서 아주 가는 주삿바늘처럼 만들었다. 여기에 고무관을 장착해서 반대쪽에 흡입구를 붙이니 순식간에 장비가 완성되었다.

곤충의 정액은 점성이 강해서 보통 시약을 빨아올리는 데 쓰는 일반 피펫으로 빨아들이기는 어렵다. 재빨리 내가 직접 입으로 흡입해 보기로 했다. 그런 내 모습이 이상해 보일 수도 있지만 사소한 일에 얽매이는 것도 시간 낭비였다. 준비는 끝났으니 일단 해 보기로 했다.

먼저 R 암컷을 수컷 여러 마리와 함께 용기에 집어넣었다. 고맙게도 즉시 교미를 시작해 주었다. 교미가 시작되자 곧바로 미리 슬라이드글라스에 붙여 둔 약한 점착 양면테이프 위에 교미하지 않은 D 암컷과 교미한 R 암컷 두 마리를 나란히 올려서 고정시켰다.

R 암컷의 외골격을 비추자 부생식기에 가득 담긴 정자가 하얗게 보였다. 틈에 주삿바늘을 찔러 넣어 정액을 빼냈다. 물론 입에 들어갈 정도로 빨아들이지는 않았다. 주삿바늘 끝 부분에 몇 밀리미터 정액이 차오르자 멈췄다. 그 정액을 즉시 D 암컷의 왼쪽 부생식기로 주입했다. 이 과정에는 요령이 조금 필요하다. 만약 지나치게 불게 되면 암컷 몸에 공기가 들어가 암컷은 풍선처럼 부풀어 버린다.

결과는 어떻게 나왔을까? D 암컷을 많이 모으기는 어려워 딱 세 마리만 관찰했는데 정자는 평소대로 부생식기를 출발해서 정자낭에 도착했다. 이것을 확인하자 나는 수컷 빈대가 된 듯한 감동을 받았다.

이것으로 분명해졌다. D 암컷의 왼쪽 부생식기는 오른쪽과 마찬가지로 정액이 들어오면 그것을 정상적으로 받아들여서 정자를 떠나보낼 수 있다. '왼쪽 부생식기는 사용 가능하지만 수컷이 사용하지 못한다'라는 결론을 얻었다.

이 사실은 수컷 입장에서는 매우 안타까운 일이다. 암컷 빈대는 수컷에게 구애를 받으면 배를 바닥에 눌러서 거부 행동을 보인다. 특히 오른쪽 배를 용기의 모서리 같은 것에 눌러서 수컷에게서 자신을 보호하려고 한다. 이때 수비가 허술한 왼쪽을 공격할 수 있다면 수컷은 교미에 성공할 것이다. 하지만 실제로 그런 행동은 보여 주지 않았다. 성충이 되어 처음으로 교미하는 수컷도 반드시 암컷의 오른쪽에서 시도한다.

만일 어떤 수컷이 암컷의 왼쪽을 공략할 수 있다면 '양쪽 모두 가능한' 돌연변이체다. 이 수컷은 보통의 R 암컷들에게는 성가신 존재가 된다. 부생식기가 없는 왼쪽이 찔려 정액이 직접 몸으로 들어가면 암컷의 사망률이 높아진다는 것이 선행 연구에서 밝혀졌기 때문이다.

반면에 이때 D 암컷은 유리해진다. 왼쪽을 찔려도 부생식기가 있기 때문에 문제없다. 앞에 쓴 것처럼 D 암컷의 출생 용이성에는 유전적인 기반이 있기 때문에 수컷이 양쪽 모두를 사용할 수 있다면 현재 소수파인 D 암컷이 다수파가 될 것이다.

이러한 시나리오를 생각할 수 있는 종류가 있다. 두플리카투스빈대*Leptocimex duplicatus*는 모든 암컷이 D 암컷이며, 양쪽 부생식기에 정자가 들어 있는 상태가 보고된 바 있다. 두플리카투스빈대 수컷은 양쪽 모두 사용할 수 있는 것이 분명하지만 반날개빈대 중에는 이런 수컷이 발견되지 않는다.

빈대는 매복형 포식자다. 호텔 침대 밑에 서식하면서 먹이가 될 숙박객들을 계속 기다린다. 이런 곤충은 일반적으로 기아에 내성이 강해서 단식을 몇 달 동안 할 수 있다. 대신 맛있는 음식이 눈앞에 차려지면 배가 터지도록 흡혈하고 납작하던 배가 마치 풍선처럼 부풀어 오르게 된다. 수컷 빈대는 배가 불러서 행동이 둔해진 암컷에게 곧잘 교미를 시도한다.

그들에게는 '먹어서 축적하는 일'이 매우 중요하다. 그런데 이런 곤충 암컷이 사용하지도 않는 불필요한 부생식기를 복부에 지니고 있다. 수수께끼는 더욱 오리무중이 되었고 1년에 불과한 말레이시아 생활은 수수께끼 입구를 서성이기만 하다가 끝나 버렸다.

이 연구에서 배운 점은 '무엇이든 간단하게 그 적응적 의미를 알 수는 없다'라는 것이다. 부생식기는 빈대 암컷에게는 없어서는 안 될 중요한 기관이다. 게다가 거대한 기관이다. 그런 기관을 몸의 오른쪽에만 만드는 것은 어려운 작업이며 그에 따른 불가피한 부산물로 D 암컷이 태어나는 것은 아닐까? 지금은 상상에 불과하지만 이 가설을 검증할 기회가 오기를 기다리고 있다.

수컷은 왜 암컷에게 상처를 입힐까?

~~~~~

내가 발견한 초파리류도 빈대와 마찬가지다. 많은 곤충은 교미할 때 수컷이 교미기로 암컷 몸에 상처를 낸다는 사실이 보고되어 있다. 앞서 이야기한 것같이 수컷 곤충의 목표는 교미가 아니다. 상대방 암컷이 자신의 정자를 이용해서 수정하게 해야 한다. 그런 소중한 암컷에게 수컷은 왜 상처를 입히는 걸까?

초파리류 수컷의 정액 속에 들어 있는 화학물질(단백질)은 암컷의 난자 속에 들어가면 다양한 생리 작용을 일으킨다. 교미하지 않은 암컷에게 정액(정자 불포함) 주사를 놓으면 산란을 시작하면서(미수정란이므로 부화하지는 않는다) 수컷의 구애를 강하게 거부하는 반응을 보인다. 게다가 수명도 단축될 수 있다.

'다른 수컷과 재교미하기 전에 자신이 전달한 정자로 수정란을 많이 낳게 한다.'

이것은 수컷 입장에서 본 방법이다. 교미하는 상대방의 수명을 단축시키는 것은 수컷에게도 불리하겠지만 이 마법 같은 방법에 나타나는 피할 수 없는 부작용으로 해석된다.

영국 셰필드대학의 시바조시 교수는 교미로 인한 상처는 정액 물질이 암컷 체내로 들어가는 침입구 기능을 한다는 의견을 냈다. 정액이 방출되어 있는 암컷의 생식관 내부는 말하자면 체외의 연장이다. 정액 물질의 일부는 혈류를 타고 암컷의 뇌에 도착한 다음 여기서 앞서 말한 대로 효과를 발휘한다. 상처를 내면 화학물질이 혈액으로 쉽게 침입할 것이라는 발상이다.

이 설의 진위에 대해서는 지금도 논의가 계속되고 있다. 콩바구미Callosobruchus maculatus에게서 이 가설을 뒷받침하는 내용이 보고되었다. 이 갑충류 수컷의 교미기에 있는 가시를 레이저로 제거했더니 암컷 체내로 들어가는 정액 물질이 감소했으며 동시에 그 수컷이 남긴 새끼의 수도 줄었다.

상처를 통해 정액이 혈액으로 침입해 들어가는 모습은 강력한 가시투성이 교미기를 가진 초파리의 일종인 에우그라킬리스

초파리*Drosophila eugracilis*에서도 관찰되었다.그림 4-7 그러나 초파리 암컷에게 입힌 상처 대부분은 정액과 접촉할 수 없는 부위에 있기 때문에 이 가설이 완전히 맞다고 할 수는 없다.

다른 가설도 있다. 상처 부분의 물리적 손상으로 암컷이 다른 수컷과 교미하는 것이 억제된다거나 암컷의 수명이 짧아지므로 '당황해서' 많은 알을 낳게 된다는 발상이다.

굳이 의인화해서 표현하면 "심한 상처를 입었기 때문에 더 이상 교미하고 싶지 않아. 죽기 전에 빨리 새끼를 남겨야만 해"라고 생각하게 되는 상황을 만든다는 뜻이다. 이때 물리적인 손상에는 상처로 인한 병원체 감염 위험까지도 포함될 수 있다.

스웨덴과 미국의 연구진은 노랑초파리를 비롯한 3종의 곤충 암컷 몸에 인위적으로 상처를 입혀서 이 가설을 검증했다. 구체적으로는 더듬이, 다리, 날개 중 하나를 절제하거나 흉부 또는 복부를 가는 바늘로 찔러서 물리적 손상을 가한 다음, 이후의 산란 속도와 재교미율을 조사했다. 그 결과 손상으로 인해 산란 속도가 저하되기는 했지만 재교미율은 변함이 없었다. 따라서 상처 자체가 수컷에게 이익을 주지는 않는다는 결론을 내렸다.

내가 곰개미*Formica japonica*를 관찰한 결과도 이 가설을 지지하지 않는다. 곰개미는 우리 인간과 가장 가까운 다소 큰 검은 개미

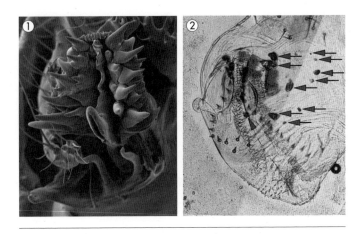

| 그림 4-7 | ① 초파리 일종인 수컷 에우그라킬리스초파리의 가시투성이 교미기
② 이 교미기 때문에 상처투성이(화살표)가 된 암컷 교미기

로 누구라도 한 번쯤은 본 적이 있을 것이다. 이 책 서두에 나오
는 **퀴즈 D는 곰개미** 수컷의 교미기이다. 정자를 전달하는 삽입
기에 멋진 한 쌍의 톱을 가지고 있어 이것으로 암컷(새 여왕개미)
교미기에 상처를 낸다.

이 개미의 번식충(새 여왕과 수컷 개미)은 초여름에 둥지에서 날
아올라 교미를 한다(결혼비행). 새 여왕은 짧은 결혼비행 동안에
만 교미를 하는데 이때 많은 수개미에 의하여 순차적으로 수정
된다. 교미 후에는 지상에 내려와 땅에 굴을 파고 혼자 지하 생활

을 시작하여 새로운 가족을 만든다. 곰개미 여왕은 평생 결혼비행 단 한 번으로 정자낭에 정자를 저장해 놓고 필요할 때마다 알을 수정시킨다. 교미 가능한 시간대가 짧은 종으로, 상처가 재교미를 억제하는 기능을 한다고 보기는 어렵다.

빈대처럼 상처가 정자와 정액의 침입구가 되는 사례를 제외하면 상처는 (예를 들어 교미를 거부하려고 날뛰는) 암컷을 단단히 고정시키려고 하다가 만들어진 부산물이며 상처 자체는 기능이 없을 가능성이 높다. 이것이 현 시점의 결론이다.

여기까지 수컷 입장에서 교미를 논의했다. 과연 암컷은 상처를 입기만 하는 수동적인 존재일까? 다음 장에서는 지금까지 충분히 관심을 기울이지 못했던 암컷 입장에서 교미기 진화와 다양화의 메커니즘을 전체적으로 살펴보자.

읽을거리

 현장을 덮쳐라!
—교미 중인 곤충을 고정시켜 관찰하는 법

곤충 교미기 중에는 모양이 특이한 것이 있다. 이렇게 특이하게 생긴 교미기는 도대체 어떻게 사용하는 걸까? 이래저래 상상해 보는 것도 재미있지만 실제로 사용하는 현장을 확인해야 제대로 이해할 수 있다.

교미 중인 한 쌍을 고정시키는 방법은 급속 냉동 고정이 일반적이다. 단시간에 고정되므로 냉동 조작에 따른 영향(예를 들어 암수 교미기의 맞물림 변화)이 적다. 경험상 액체질소(영하 196도)로 급속 냉동시키는 방법이 가장 좋지만 액체질소는 위험물이므로 얻기도 운반하기도 어렵다.

그런 측면에서 볼 때 가게에서 아이스크림을 사면 받을 수 있는 드라이아이스를 이용하는 쪽이 더 편리하다. 나는 드라이아이스를 넣어 얼린 에탄올로 곤충을 냉동 고정시킨 다음 그대로

투명화 전 　　　　　투명화 후

| 그림 4-8 | 교미 중인 비펙티나타초파리 한 쌍

냉동실에 보관하는 방법을 많이 이용한다. 야외에서는 열탕으로 고정시키는 방법이 편리하다(제5장 참조).

고정시킨 한 쌍은 맞물린 부분이 빠지지 않도록 조심스럽게 해부해서 관찰한다. 약제로 몸을 비춰 보는 방법도 있다.그림 4-8 이렇게 하면 빠질 걱정도 없다. 어쨌든 최소한의 쌍으로 최대의 관찰 결과를 얻어 불필요한 살생을 피하고 싶다. 무엇보다 이런 과정을 통해 얻은 성과를 제대로 발표하는 것이 중요하다.

제 5 장

주역은 암컷!
- 교미기 연구의 최전선으로

암컷은 왜 여러 수컷과 교미할까?

～～～

사마귀, 바퀴벌레, 흰개미. 얼핏 보기에 무관하게 보이는 이 세 무리의 곤충은 사실상 친척 관계다. 특히 흰개미는 '나무 갉아 먹기에 고도로 전문화된 바퀴벌레'라고 할 수 있다.

교미 자세는 상당히 다르지만 바퀴벌레 수컷 교미기는 사마귀 교미기와 비슷하다.그림 5-1 반면 흰개미는 교미기를 보고 싶어도 교미기라고 할 수 있는 부위는 거의 찾아보기 어렵다. 도대체 왜 이렇게까지 교미기가 단순화되어 버린 걸까?

흰개미는 개미와 마찬가지로 불임 노동자(일꾼 흰개미)를 포함한 거대 가족을 이루어 생활한다. 결혼비행 후 이들 한 쌍(새 여왕과 새 왕)은 칩거 생활을 하면서 교미하기 때문에 '바람피우기'와

'납치'는 일어나지 않는다. 이들은 수컷이 암컷에게 정자를 전달하는 데 필요한 최소한의 교미만 한다. 이것이 교미기가 놀라울 정도로 단순화된 원인일 것이다.

역으로 말하면 다른 곤충류는 암컷이 여러 수컷과 교미하거나 적어도 그럴 가능성이 있다는 것이며, 바로 이런 점이 교미기가 다양하고 복잡한 형태로 진화하게 된 원인과 깊은 관계가 있다는 것을 알 수 있다.

초단순
일본흰개미

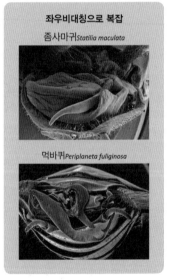

좌우비대칭으로 복잡
좀사마귀 *Statilia maculata*

먹바퀴 *Periplaneta fuliginosa*

| 그림 5-1 | 친척 관계인 곤충 세 무리의 수컷 교미기. 참고로 흰개미는 암컷의 교미기도 단순화되었다.

지금까지 수컷과 암컷은 교미를 둘러싸고 경쟁 구도 속에 있다는 것을 알았다. 암컷이 바라는 이상으로 교미를 하려고 하는 수컷과, 그런 수컷을 거부하려고 하는 암컷. 일반적인 유성생식의 경우 암컷도 한 번은 교미를 해야 자손을 남기지만 그 이상의 교미는 낭비이며 오히려 비효율적일 가능성이 있다.

　한번 생각해 보자. 그런데도 암컷은 여러 수컷과 교미하는 경우가 많고, 그 증거로 정자경쟁이 벌어지고 있다. 암컷은 왜 여러 수컷과 교미하는 걸까?

　쉽게 생각해서 첫 번째로, 암컷도 여러 수컷과 교미함으로써 새끼의 수를 증가시킬 수 있다. 이것을 '직접적인 이익'이라고 한다. 여치(제1장)와 사마귀(제2장)의 예에서 확인했던 것처럼 수컷은 교미할 때 암컷에게 다양한 형태로 영양분을 제공한다. 수컷이 영양분을 많이 제공할수록 암컷은 더 많은 난자를 생산할 수 있다. 이처럼 암컷이 직접적인 이익을 얻을 수 있기 때문에 여러 수컷과 교미한다는 것을 쉽게 이해할 수 있다.

　사실 수컷이 교미 한 번으로 암컷에게 전달하는 정자의 양은 엄청난데 보통 암컷이 평생 산란하는 숫자보다 많을 정도다. 하지만 힘들게 수컷에게 받은 정자도 암컷이 몸 안에 저장하고 있는 사이에 조금씩 죽어 간다. 오늘날에는 특별한 형광시약으로

염색하여 정자의 생사를 판별할 수 있다. 결국 암컷은 새롭고 신선한 정자를 얻기 위해 다시 교미하는 것이다.

두 번째는, 직관적으로 이해하기 조금 어려운 이유이다. 소금쟁이는 수면 위 전후좌우밖에 모르는 2차원 세계(가끔 날아다니기는 하지만)에서 살고 있는 곤충이다. 수컷은 교미를 시도하기 위해 암컷 등 위에 올라가려고 끊임없이 도전한다. 반면에 암컷은 수컷을 등에 태운 상태로는 먹이 채집이 어렵고 외부 적을 피하는 능력도 떨어진다. 따라서 소금쟁이 암컷은 교미를 시도해 오는 수컷에게 필사적으로 저항한다. 재미있는 사실은 수컷이 훌륭한 파악기를 발달시킨 경우도 있고, 그런 파악기를 사용하지 못하도록 암컷이 괴상한 가시를 가진 종류도 있다는 것이다.그림 5-2 교미를 시도하는 수컷과, 거부하는 암컷 사이의 적대적 공진화(적대적인 종끼리 생존을 위해 서로 영향을 주며 진화하는 것-옮긴이)의 산물로 해석된다.

구애하는 수컷이 너무 많아서 일일이 수컷과 씨름하다 보면 암컷은 먹이를 먹을 여유도 없어지므로 오히려 외부 적의 눈에 띄기 쉽다. 그런데 2차원 생활을 하는 소금쟁이로서는 피할 곳이 없다. 이처럼 교미 외의 형태로 비용을 지불하는 것을 '성적 괴롭힘sexual harassment'이라고 한다. '성적 괴롭힘'이라는 용어는

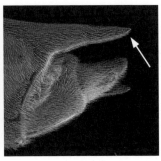

| 그림 5-2 | 수컷에게 잡혀서 몸부림치는 소금쟁이 암컷(왼쪽), 왕소금쟁이 암컷의 꼬리 끝 돌기(오른쪽, 화살표). 유럽산 소금쟁이(*Aquarius[=Gerris] remigis*) 중에는 돌기가 등 쪽을 향 하는 것이 있는데 교미를 어렵게 하는 기능을 가진다.

인간 사회에서만 사용할 수 있는 말이 아니다!

실제로 소금쟁이 암컷은 수컷의 밀도가 높아지면 교미를 받 아들이고 교미 후 수컷에게 보호를 받으며 지내는 시간이 길어 진다고 한다. 더 큰 '성적 괴롭힘에 따른 비용sexual harassment cost'을 지불하지 않기 위해 더 작은 비용인 교미를 받아들여 '대를 위해 소를 희생하는 교미'를 하는 것이다. 이것도 비용을 줄이는 방법 으로 산란 수를 증가시키겠다는 암컷의 전략으로 파악할 수 있 기 때문에 직접적인 이익으로 꼽힌다.

여기서 우리의 친구, 작은흰수염집게벌레에게로 돌아가 보

자. 수컷과 암컷을 같은 용기에 넣으면 보통 몇 분 안에 교미가 시작된다. 두 마리의 수컷과 동거시키면 암컷은 하룻밤(15시간)에 무려 평균 14회, 최대 42회 교미를 하는 엄청난 곤충이다!

이렇게 여러 번 교미를 하지 않으면 충분한 양의 정자를 얻지 못하는 걸까? 암컷의 정자낭 속에 들어 있는 정자 수를 추정해 보니, 5회 정도 교미하면 정자낭이 포화 상태가 되어 더 이상 교미를 해도 정자 수가 증가하지 않는 것으로 나타났다. 따라서 정자가 부족한 것은 아니다.

암컷 작은흰수염집게벌레는 평생 동안 여러 번 산란하고 난자를 보호한다. 실험실 내에서는 최고 5회의 산란을 관찰했다. 산란할 때마다 재교미를 시키지 않으면, 난자의 부화율이 떨어지는 것을 확인했다. 즉 필요에 따라 재교미를 해서 정자 보충을 하는 것이 효과적이다. 그러나 이런 이유라도 하룻밤에 14회나 교미할 필요는 없다.

그러면 정자를 받는 것 이외에 수컷에게서 영양을 얻기 때문일까? 집게벌레류는 암컷이 소화 흡수할 정포 물질은 전달받지 않는다. 실제로 여러 번 교미시킨 경우와 한 번만 교미시킨 경우를 비교해 본 결과, 1회 산란당 산란 수와 수정률에 의미 있는 차이는 나타나지 않았다.

그렇다면 성적 괴롭힘 혹은 강제 교미일 가능성이 있을까? 이 또한 대답은 'No'다. 다른 많은 집게벌레류와 마찬가지로 암컷이 정지하지 않는 한 수컷이 강제로 교미를 성립시킬 수는 없기 때문이다.

양보다 질
── 암컷의 취향에는 이유가 있다

~~~~~

다양한 가능성을 샅샅이 뒤져도 암컷 작은흰수염집게벌레의 빈번한 교미를 설명할 수가 없었다. 이런 경우 확인해 볼 것은 '간접적 이익'(일명 유전적 이익)의 존재 여부다. 수컷이 교미할 때 전달하는 것은 정자뿐이므로 그 정자가 운반하는 수컷의 유전자가 열쇠를 쥐고 있을 것이라고 생각했다.

그런데 유전적 이익(수컷 유전자의 질)에 영향을 받는다면 곤충의 암컷이 교미 상대인 수컷의 질을 판단한다는 말일까? 그런 특별한 '취향'이 있는 것일까? 물론 있다!

암컷의 취향이 가장 잘 조사된 곤충은 대눈파리류Diopsidae다. 암수 모두 이상하게 늘어난 눈자루 끝부분에 겹눈이 붙어 있어서 한 번 보면 그 모습을 잊을 수 없다.그림 5-3 수컷이 암컷보다 눈자루가 긴 경우가 많다. 동남아시아산 대눈파리인 달만니대눈파리Teleopsis dalmanni는 이런 '이상한 얼굴'의 의의가 특히 잘 연구되어 있다.

달만니대눈파리 수컷은 연못가 돌 위에 모여 있다. 이곳이 '레크lek', 즉 집단 맞선 장소. 암컷은 수컷이 모여 있는 곳으로 차례로 다가가 수컷을 품평한다. 참고로 봄부터 여름에 걸쳐 강변 제방에서 흔히 볼 수 있는 모기떼도 대부분 깔따구과 무리가 레크에 모여 있는 것이다.

이 대눈파리 수컷은 레크에서 자기 주변의 작은 공간을 세력권으로 하며 다른 수컷이 침입하면 싸움을 시작한다. 싸움이라고 해 봐야 기껏해야 노려보는 것이다. 싸움에서는 눈과 눈 사이의 간격이 많이 떨어진 수컷이 대부분 이긴다. 암컷이 다가오면 수컷은 프러포즈를 하는데 역시 눈 사이가 많이 떨어진 수컷일수록 암컷이 프러포즈를 잘 받아들인다. 긴 눈자루는 수컷에게 이중 혜택을 가져다주는 셈이다. 이것이 이상한 얼굴의 의의다.

그러면 눈 사이가 월등하게 떨어진 멋진 수컷과 운 좋게 맺어진 암컷은 어떻게 될까? 아무리 남편 얼굴이 매력적이더라도 자식에게는 영양가가 전혀 없다. 그러나 눈자루 길이는 어느 정도 유전하므로 눈자루가 긴 아버지의 아들은 역시 눈자루가 긴 경향이 있다. 이 아들 또한 인기가 있어 많은 손자를 남길 것이며(간접적 이익) 손녀들 역시 긴 눈자루를 좋아한다는 취향을 계승할 것이다.

이것이 반복되면 어떻게 될까? 이미 눈치챘겠지만 '수컷의 매력'과 '암컷의 취향'이 서로 끌어당기면서 진화한다. 이것이 '질주가설runaway hypothesis'이라는 진화 과정이다.

상세한 내용은 전문서에 양보하겠지만, 암컷이 짝을 고르는 데 다소 비용이 들더라도(외부 적에게 발견되기 쉬운 장소에서 오랫동안 기다리기 등) 발생하는 돌연변이 눈자루가 짧아진다면, 이 질주가설이 작동하고 있는 것이다.

즉 대눈파리는 암컷의 '취향'에도 유전적 변이가 있다는 것이 실측된 희귀한 곤충이다. 암컷의 '취향'도 진화하는 것이다!

떨어진 눈으로 암컷을 유혹하게 된 데에는 실로 많은 유전자가 관계할 것이다. 단순히 몸을 크게 하고 눈자루를 펴기만 해서는 안 된다. 눈자루에 제한된 영양분을 공급하면서도 열대 숲에서 적을 만나면 재빨리 달아나고 병원균과 싸워 생존해야 한다. 그렇게 생각하면 긴 눈자루를 가진 수컷은 유전적인 질이 전반적으로 높은 것 같다. 실제로 대눈파리는 눈 사이 간격이 넓은 수컷이 유해한 유전자를 가질 확률이 낮다는 것이 최근 연구에서 드러나고 있다.

질이 좋은 유전자를 아들뿐만 아니라 딸에게도 물려주어서 모든 자식의 생존력이 높아진 것 같다. 이것을 '우량 유전자설'이라고 한다. 즉 나쁜 유전자를 물려받은 수컷에게는 긴 눈자루를 가질 수 없는 것이 핸디캡으로 작용하지만, 암컷이 긴 눈자루를 기준으로 수컷을 선택하면 (인기 있는 아들을 얻게 될 뿐만 아니라) 아이들의 유전적인 질도 높일 수 있다.

그러나 어떤 암컷도 최고의 수컷을 곧바로 만날 수는 없다. 일단 상대와 교미한 후 유전적인 질이 더 높은 수컷과 만난 경우에 암컷은 다시 교미해서 간접적인 이익을 얻을 수 있다.

이처럼 '유전적인 질이 더 높은 수컷'과 재교미하는 경우는 닭, 구피, 여치 등 다양한 동물에서 보고되고 있다. 작은흰수염집 게벌레의 경우는 어떨까?

정자 바꿔치기의 황금비율

다시 작은흰수염집게벌레 문제로 돌아가 보자. 암컷은 수컷 고르기를 좋아하지 않으면서도 빈번하게 교미한다. 이런 행동에 어떤 의미가 있을까? 이것이 첫 번째 의문이다.

교미할 때마다 정자가 교체되기는 하지만 암컷의 정자낭은 수컷의 삽입기보다 훨씬 길기 때문에 아무리 귀이개 같은 삽입 기를 가지고 있어도 교미 한 번으로 바꾸어 놓을 수 있는 정자 비율은 20퍼센트 정도였다. 그러면 왜 암컷은 그토록 긴 정자낭을 가지고 있을까? 이것이 두 번째 의문이다.

정자 치환율이 20퍼센트라는 뜻은 이미 다른 수컷의 정자를 가진 암컷과 한 번만 교미한 경우, 암컷이 자식을 다섯 마리 낳았

다면 이 수컷의 정자로 수정된 자식은 그중 한 마리뿐이라는 것
이다. 나머지는 자기 자식이 아니다. 이 정도로는 대단한 이익이
라고 할 수 없다. 하지만 자세히 살펴보니 작은흰수염집게벌레
의 교미 장치가 조금씩 보이기 시작했다.

　야외에서 작은흰수염집게벌레는 돌 밑 굴에서 교미한다. 이
상황을 본떠서 용기 안에 구덩이(굴) 여섯 개를 파 놓고 그곳에
암컷 한 마리와 수컷 두 마리를 풀어서 관찰했다. 굴에 있는 암컷
한 마리를 놓고 수컷 두 마리가 경쟁할 만한 상황을 만든 것이다.

　수컷끼리 굴에서 만나자 서로 집게발을 휘두르며 치열한 투
쟁이 시작되었고 반드시 한쪽 수컷은 밖으로 쫓겨났다. 한쪽 수
컷이 암컷과 교미를 하는 상황이 있을 뿐 수컷 두 마리가 굴에서
함께 지내는 모습은 관찰되지 않았다. 이 투쟁에서는 몸집이 큰
수컷이 승리하는 경향이 있었다. 큰 수컷이 암컷이 있는 굴을 장
시간 독점했다.

　수컷은 굴에서 같은 암컷과 여러 번 교미를 반복했다. 몸집
이 큰 수컷일수록 일단 암컷과 동거하면 더 많은 횟수로 교미했
다.그림 5-4. A 또 교미 횟수가 많은 수컷일수록 많은 자식을 두었
다. 이때 자식의 아버지를 판정하는 방법은 혈청단백질 다형 분
석(혈액형처럼 생각하면 된다)을 이용했다.

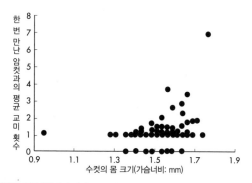

A. 작은흰수염집게벌레 수컷의 몸 크기(가슴너비)와, 암컷과 교미를 반복하는
   횟수의 관계

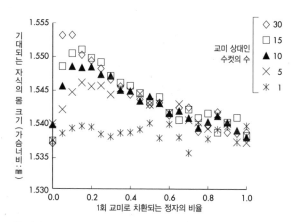

B. 시뮬레이션 결과 정자 치환율은 20퍼센트 정도이며, 몇 마리에서 수십 마리에
   이르는 수컷과 교미하면 몸이 큰 자식을 얻을 수 있다는 것을 알았다.

| 그림 5-4 | 작은흰수염집게벌레의 교미 패턴과 시뮬레이션 결과

즉 암컷을 둘러싼 경쟁에서 강한 수컷은 약한 수컷을 쫓아낸 후 굴에서 암컷과 반복해서 교미함으로써 정자낭 속 자신의 정자 점유율을 높인다.

이런 현상이 발생하는 전제 조건을 알아보자. 먼저 암컷의 정자낭 속에서 정자의 혼합이 신속하게 일어나야 한다. 암컷과 교미한 직후 정자낭 입구 부분은 직전 교미에서 건넨 정자로 채워져 있다.

정자가 정자낭 안에서 충분히 섞이지 않은 채로 교미를 반복하면 자신의 정자만 긁어내게 된다. 그러나 작은흰수염집게벌레의 경우 정자 혼합은 비교적 신속하게 일어났고 긴 정자낭 전체에 걸쳐 정자가 이동하는 것으로 확인되었다.

그러면 몸이 작은 수컷은 이 실험 환경에서 전혀 교미할 수 없는 걸까? 그렇지는 않다. 집게벌레의 무기인 집게가 복부 끝에 붙어 있는 이유는 교미하는 동안은 이 무기를 사용할 수 없도록 하기 위해서다. 실제로 교미 중인 대형 수컷이 작은 수컷의 급습을 받아 암컷을 탈취당한 적이 있었다. 그러나 작은 수컷은 다시 대형 수컷에게 쫓겨날 운명이므로 그 암컷과 반복해서 교미할 가능성은 낮다.

작은흰수염집게벌레 암컷은 왜 자주 교미할까? 이 문제를 생각해 본다는 게 수컷의 관점에서만 이야기해 버렸다. 하지만 어느새 수수께끼를 풀기 위한 데이터는 모두 갖추었다.

다시 암컷의 입장으로 돌아가 보자. 작은흰수염집게벌레 암컷이 크고 강한 수컷과 교미해서 자식을 낳으면 그 자식의 몸도 커진다(몸 크기는 어느 정도 유전된다).

그러나 큰 수컷과 작은 수컷을 어떤 순서로 만나게 될지는 알 수 없다. 어둡고 좁은 굴속에서 수컷의 크기를 제대로 판정할 수 있을지도 알 수 없다. 도대체 어떻게 하면 암컷이 큰 수컷의 정자를 정자낭에 모을 수 있을까?

독자 여러분들은 짐작하고 있을 것이다. 한 번 교미할 때마다 정자를 조금씩만 치환하고, 그런 다음 빈번하게 교미를 받아들이기만 하면 된다. 크고 강한 수컷은 여러 번 교미하면서 정자 점유율을 조금씩 높인다. 운이 나쁘게 그 후에 작은 수컷이 교미를 시도한다고 해도 한 번의 교미 정도로는 큰 손해를 입지는 않는다.

수컷의 교미 패턴에 관한 데이터를 기초로 해서 컴퓨터로 시뮬레이션을 해 보았다. 그 결과 작은흰수염집게벌레 암컷이 몇 마리부터 수십 마리에 이르는 수컷과 교미할 경우 교미 1회당 정자 치환율을 20퍼센트로 제한했을 때 가장 큰 유전적 이익을,

즉 체격이 가장 큰 자식을 얻게 되는 것이다.그림 5-4. B 이 결과는 작은흰수염집게벌레의 정자 치환율 실측치와 딱 맞아떨어진다. 정자를 부분적으로 긁어내는 것만 허용하는 암컷의 긴 정자낭과 무차별적이고 엄청난 횟수의 교미라는 두 가지 수수께끼가 한꺼번에 풀렸다.

문제가 너무 간단하면 누구나 쉽게 해결할 수 있으므로 변별력이 떨어져 능력 차이를 측정할 수 없는 법이다. 만일 암컷이 어떤 수컷이라도 쉽게 자신의 정자로 완전히 교체할 수 있는 정자낭을 가지고 있다면 어떻게 될까? 그 암컷과 마지막으로 교미를 한 수컷의 자식만 남게 될 것이다. 몸집이 작은 수컷이 우연히 이긴 경우라고 해도 말이다. 반대로 정자를 교체하는 것이 너무 어려워서 교미 한 번으로 1퍼센트 정도만 교체한다고 하자. 이런 경우 암컷이 우연히 최초로 만났던 수컷의 정자가 압도적으로 유리한 상황이 된다.

즉 문제가 너무 쉽거나 너무 어렵다면 승자 결정이 '우연'이라는 변수에 좌우되기 쉽다. 이것은 모든 경기와 게임에서 동일하다. 적절한 난이도의 과제를 부과해야 비로소 도전자들의 실력 차를 효율적으로 식별할 수 있는 것이다. 반대로 헤이안시대 문학작품에 등장하는 가구야 공주가 구혼자 다섯 명에게 부여

한 터무니없이 어려운 과제는 모든 구혼자를 거부하기 위한 것일 뿐 변별력이 떨어져 배우자의 질을 파악하는 데에는 적절하지 않다.

고백하건대 실험에 몰두했던 학창 시절에는 이 간단한 원리를 깨닫지 못했다. 취직을 하고 사이타마에서 혼자 살기 시작했을 무렵 아침에 횡단보도를 건너려는 순간 문득 깨닫게 되었다. 아이디어는 언제 불쑥 떠오를지 모르는 것이다. 하지만 항상 그에 대한 생각이 머리 한구석을 차지하고 있기 때문에 불현듯 떠오를 수 있는 것 같다.

은밀하고 심오한 암컷의 선택

~~~

은둔 생활을 하는 작은흰수염집게벌레 암컷은 구애하는 수컷을 거부하지 않고 받아들인다. 대신 암컷은 특수한 정자낭으로 들어온 정자 중 대형 수컷의 정자를 고른다. 개방된 장소에서 교미하는 대눈파리 암컷이 직접 눈으로 보고 마음에 드는 수컷을 골라서 교미하는 것과는 대조적이다.

지금 '정자를 고른다'라는 표현을 사용했는데 과연 맞는 표현일까?

암컷이 교미 전이 아니라 교미를 시작한 후 정자 또는 파트너를 선택하는 것을 '감춰진 암컷의 선택cryptic female choice'이라고 한다. 약칭으로 CFC라고도 한다.

마음에 들지 않는 수컷과의 교미는 중단한다, 이미 받아들인 정자를 뱉어 낸다, 즉시 다른 상대를 찾는다, 임신하지 않는다 등 모든 CFC의 가능성을 탐구해서 이를 뒷받침할 증거를 모은 것은 코스타리카대학의 윌리엄 에버하드다. 그가 쓴 책은 교미기 연구자들에게 바이블이 되었다.

운동 능력이 뛰어난 정자만 도달할 수 있는 곳에 난자를 숨기는 것도 정자를 고르는 방법이다. CFC 이론에 따르면 암컷이 신경계를 이용하여 의식적으로 정자를 선택할 필요는 없다.

일부 암컷 곤충에게는 교미를 거부하기 위한 기관이 있는 경우도 있다. 이처럼 암컷은 수컷을 거부하는 방식을 계속 진화시켜 왔는데, 정말 교미 비용을 줄이기 위한 걸까? 예를 들어 소금쟁이 암컷의 돌기를 생각해 보자.그림 5-2 스웨덴과 캐나다 연구팀은 소금쟁이류를 이용하여 이 돌기를 제거하는 실험을 했다.

그러자 예상대로 암컷의 교미 횟수가 증가했다. 교미를 거부할 수 없게 되었기 때문이다.

흥미로운 것은 반대 조건인 실험이었다. 나뭇진을 붙여서 암컷의 돌기를 길게 만들었더니 교미 빈도는 확실히 줄었지만, 그래도 교미에 성공한 수컷이 있었다.

이 실험을 통해 암컷이 교미를 거부하는 것은 기본적으로 어려움을 극복해 내는 수컷을 고르기 위한 방법이라고도 해석할 수 있다. 이 경우 수컷의 능력 차이에 유전적인 요소가 있다면 그것은 교미 능력이 뛰어난 자식을 가지는 것과 관련된다(참고로 어떤 수컷과도 교미하지 않는 암컷의 유전자는 자손에게 유전되지 않는다).

더 이상의 논의는 전문서에 양보하겠다. 암컷의 교미 거부에 관한 가설들을 어떻게 확인할 수 있을까? 논쟁은 계속되고 있다.

장수풍뎅이는 교미 경험이 없는 암컷조차도 집요하게 수컷을 싫어하는 경우가 많다. 누군가 여름방학 때 자유 연구 과제로 삼아 그 이유를 조사해 주기를 기대한다.

심오한 '맞물리기'의 수수께끼

~~~~~

암컷의 관점에서 또 한 가지 근본적인 문제를 생각해 보자. 수컷 교미기와 암컷 교미기는 어떻게 해서 잘 맞물리게 되었을까? "당연히 잘 맞물려야 교미할 수 있잖아요"라고 말할지도 모르지만 그런 단순한 이야기가 아니다.

수컷 입장에서는 이해하기 쉽다. 지금까지 살펴본 것처럼 일반적으로 암컷이 원하기만 하면 수컷은 교미에 적극적이다. 도망치려고 하는 암컷을 제대로 잡기 위해, 혹은 교미 중에 다른 수컷이 방해하려고 해도 암컷의 등에서 떨어지지 않도록 암컷의 교미기를 꽉 잡아 주는 교미기(가끔은 그것으로 상처를 입기도 하지만)를 가지고 있는 것이 수컷에게 유리하다.

어려운 것은 암컷의 입장이다. 초파리류 암컷의 교미기는 전체적으로 유연한 막질 부분이 많은데, 잘 관찰하면 수컷 교미기를 잘 막아 내는 주머니가 발달한 경우가 많다. 이런 주머니 형태가 아무 의미 없이 진화하지는 않았을 것이다. 암컷 입장에서도 수컷 교미기에 맞물리는 편이 적응적 의의를 가진다고 생각하는 편이 좋을 것 같다. 그 의의를 탐구하려면 '잘 맞물리지 않으면 어떤 일이 발생하는가?'를 관찰하는 것이 지름길이다. 그래서 나는 친척 관계인 야쿠바초파리*Drosophila yakuba*와 산토메아초파리 *Drosophila santomea*를 이용하기로 했다.

두 초파리 모두 열대 아프리카에 서식한다. 아프리카 서해안 상투메섬의 고도가 높은 곳에는 산토메아초파리가, 낮은 지대에는 야쿠바초파리가 서식하고 있으며, 중간 영역에서는 두 가지 모두 서식하고 종간種間 잡종도 발견된다. 야쿠바초파리 수컷은 정자를 전달하는 삽입기 쪽 복부에 날카로운 가시 한 쌍을 가지고 있는데, 암컷은 이 가시를 막아 낼 주머니를 한 쌍 가지고 있다. 산토메아초파리 수컷의 교미기에는 가시가 없고 암컷도 주머니가 없다.그림 5-5

실험실에서도 이 두 종류는 쉽게 종간 교미를 한다. 가시가 있는 야쿠바초파리 수컷을 주머니가 없는 산토메아초파리 암컷과 교미를 시켰다. 그랬더니, 일반적으로는 교미를 마치고 암컷에게서 뛰어내려야 할 수컷이 암컷에게 붙잡힌 채 계속 발버둥을 치고 있었다.그림 5-6

처음에는 주머니가 없는 곳에 가시가 깊이 박혀서 좀처럼 빠져나오지 못하는 것이라고 생각했는데 그게 아니었다. 교미 중인 한 쌍을 순간 고정시켜 보았더니 야쿠바초파리 수컷 삽입기

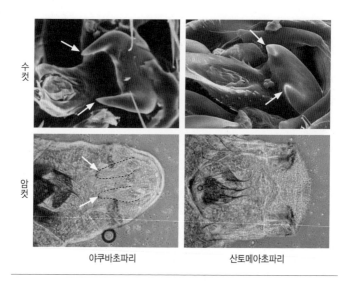

| 그림 5-5 | 야쿠바초파리와 산토메아초파리의 암수 교미기. 야쿠바초파리 수컷에게는 날카로운 가시(화살표)가 있고 암컷에게는 그것을 막아 낼 주머니(화살표 끝 점선)가 있다. 산토메아초파리 수컷에게는 가시 대신 혹이 솟아 있고(화살표) 암컷에게는 주머니가 없다.

가 산토메아초파리 암컷 생식관에 들어가 있지 않은 경우가 많았다.그림 5-6

　게다가 야쿠바초파리 수컷은 그 상태에서 체외로 정액을 내보냈다. 체외로 방출된 정액은 즉시 말라서 굳어지더니 수컷과 암컷의 복부가 접착제를 붙인 것처럼 붙어 버렸다. 그리고 간신히 떨어져서 기진맥진해진(그렇게 보였음) 암수 한쪽 몸의 표면에

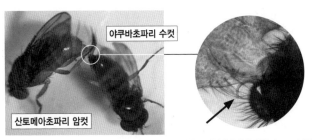

마른 정액에 달라붙어 버린 산토메아초파리
암컷과 야쿠바초파리 수컷 한 쌍

제대로 삽입되지 않은 삽입기(화살표)에서
정액이 배출된 것이 원인

| 그림 5-6 | 초파리의 '원만하지 않은' 종간 교미

하얗게 굳은 정액 덩어리가 보였다.

'암수의 교미기는 왜 잘 맞물릴까?'라는 의문은 오래전부터 많은 자연 관찰자에게 관심거리였다. 가장 고전적인 설명은 '열쇠와 열쇠 구멍 가설'이다.

교미할 수 없거나, 교미해도 번식능력이 있는 자손을 얻지 못할 때 일반적으로 이를 별종으로 취급한다. 즉 종간 교미로는 교미를 해도 자손이 태어나지 않거나, 혹시 잡종이 태어나더라도 생존력이 낮거나 불임인 경우가 많다. 실제로 야쿠바초파리와 산토메아초파리 잡종으로 태어난 수컷은 불임이다. 이런 무의미한 종간 교미 비용('번식 간섭reproductive interference'이라고 한다)을 만들지 않기 위해 종마다 다른 교미기를 가지고 있는 것이며 암컷 교미기(열쇠 구멍)에 잘 맞물리는 수컷 교미기(열쇠)를 가진 개체를 동종으로 인식한다. 이것이 열쇠와 열쇠 구멍 가설의 개념이다.

그런데 야쿠바초파리의 경우는 어떨까? 제대로 맞물리지 않아도 종간 교미가 일어나고 오히려 잘못 맞물리는 바람에 교미 비용을 더 지불했다. 즉 열쇠와 열쇠 구멍 가설로는 설명할 수 없는 것이다.

번식 간섭을 피하기 위한 열쇠와 열쇠 구멍 가설의 진화는 쉽게 이해할 수 있는 발상이다. 하지만 현재까지 이 이론을 뒷받침하는 증거는 그리 많지 않다.

다음으로 나는 종간 교미(맞물림이 나쁜 교미)와 종내 교미(맞물림이 좋은 교미)에서 암컷 교미기에 상처가 날 확률을 비교해 보았다. 수컷의 교미기에 지름 1000분의 1밀리미터만큼 형광 입자를 바른 다음 교미시키는 실험을 했다. 암컷이 상처를 입으면 딱지가 생기고 그 속에 형광 입자가 갇혀 버리므로 상처를 쉽게 찾을 수 있다.

입자 크기는 초파리에게 많이 발견되는 병원체(곤충도 더러운 것에 상처를 입으면 질병이 된다!)와 같은 크기로 만들었기 때문에 상처로 인한 감염 위험도 함께 측정했다.

결과는 의외였다. 모든 암컷이 다른 종 수컷과 교미한 경우 상처를 입을 확률이 더 높게 나타났다. 산토메아초파리 수컷은 끝이 둥그스름한 혹이 난 정도에 불과했지만, 어쨌든 맞물림이 나쁘면 상대에게 상처를 입히는 것 같다.

그 후 다른 초파리 2종의 종간 잡종을 이용한 연구 결과에서도 수컷 교미기의 모양과 크기가 일반적인 교미 상대와 다를수록 암컷에게 빈번하게 상처가 난다는 것이 판명되었다. 제대로 맞물리는 교미기가 수컷과 암컷 모두에게 얼마나 중요한지 알수 있다.

이러한 결과는 교미기의 진화를 둘러싼 성적 대립의 중요성을 알려 준다. 앞서 소개한 소금쟁이의 예와 같이 교미를 둘러싼 이해의 불일치는 수컷과 암컷 사이에서 적대적 공진화 또는 진화적 군비경쟁evolutionary arms race 현상을 일으킨다. 교미할 때 자기 자식을 우선적으로 남기기 위해 비용을 지불하는 수컷에 대해 암컷은 그 비용을 감소시키는 대항책을 진화시킨다. 암컷의 교미기가 수컷의 교미기에 잘 맞물려서 상처를 최소화하려는 방향으로 진화하는 것을 그런 공진화의 한 사례로 생각할 수 있다.

더 깊숙하게

~~~~

야쿠바초파리 암컷에게는 주머니가 달려 있다. 이것은 수컷 교미기에 달린 가시로 인한 손상 비용을 줄이기 위한 대항 적응으로 볼 수 있다. 그러나 이 견해에 찬성하지 않는 연구자도 있다. 앞서 소개한 교미기 진화의 대가 윌리엄 에버하드다. 마치 "여기야!"라고 하듯이 달려 있는 유연한 주머니는 수컷에게 받을 손상에 대비한 저항이 아니라 "좋은 수컷의 정자를 선택하기 위한 감각기관이 아닐까?"라는 주장이다.

빈대와 비펙티나타초파리처럼 상처가 정자를 빨아들이는 흡입구 역할을 하는 곤충의 경우 암컷은 상처를 입지 않는 한 자식을 남길 수 없다. 그렇지 않다면 암컷은 상처가 나지 않도록 그 부분을 견고한 방패로 방어하는 것이 좋다.

나는 최근 이 의문에 대한 답을 찾기 위해 가느다란 바늘로 암컷 교미기 각 부분에 인위적인 상처를 입혀 보았다. 실험 대상은 에렉타초파리*Drosophila erecta*로 암컷 교미기에 부드러운 주머니와 딱딱한 방패 모두를 갖고 있다는 특징 때문에 내가 아끼는 초파리다.그림 5-7 주머니 쪽은 교미 중에 수컷 교미기에 찔려서 상처

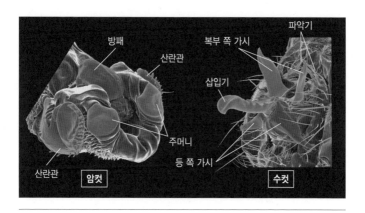

| 그림 5-7 | 초파리의 일종인 에렉타초파리의 암수 교미기. 암컷은 수컷의 삽입기에 있는 가시를 막아 내는 딱딱한 방패와 등 쪽에 돌기가 박힌 부드러운 주머니를 가지고 있다. 수컷은 복부 쪽에 있는 돌기로 양쪽 방패를 찌르고 파악기로 산란관을 끌어안는다.

가 났지만 방패에 딱지가 발견되지는 않았다.

실험 결과 교미를 끝낸 암컷은 방패에 상처를 입은 경우 주머니에 상처를 입었을 때보다 생존율이 낮았고 난자를 배양기에 심을 수도 없었다. 그중에는 방패의 딱지 부분에 난자가 걸린 상태로 죽어 있는 암컷도 있었다. 우묵하게 파인 주머니에 딱지가 생겨도 난자의 통과를 방해하지는 않는 것 같다.

암컷은 주머니를 발달시켜서 이후의 산란이 방해받지 않는 위치에 상처가 나도록 유도한다! 결과적으로 이렇게 해석할 수 있다. 수컷 때문에 생기는 교미 비용에 대해 암컷이 언제든지 저항할 수 있는 것은 아니다. 때로는 '인내'하는 방향으로 진화가 나타날 수도 있다.

의외였던 것은 산란관 끝부분의 손상 결과였다. 이 부분이 손상되어도 생존율에는 거의 영향이 없었지만 교미 성공률이 크게 떨어졌다. 근연종끼리 비교했을 때 산란관 말단부 모양에 두드러진 차이는 없다. 교미하는 동안 암컷을 잡는 수컷의 파악기에도 마찬가지로 특별한 차이가 없다.

초파리 종 다수는 발효된 과일에 알을 낳는다. 비슷한 환경에서 알을 낳는다면 암컷의 산란관이 크게 변화하지는 않을 것이다. 거기에 대응하는 수컷 교미기도 마찬가지다. 이처럼 안정된 상태가 교미기 맞물림에 중요하다는 것을 이 실험 결과가 알려 주었다.

교미기 연구에서는 아무래도 종간의 차이에 쉽게 눈길이 간다. 이런 점은 나에게도 맹점이었다. 암컷 곤충의 교미기는 난자를 수정시킨 다음 몸 뒤로 보내서 낳는 기능을 겸하므로 몸 전체를 단단하게 만들어서 상처를 막기도 한다. 때로는 이론이 먼저 제시되는 성도태 논쟁에서는 이런 당연한 실제 상황이 오히려 따돌림을 받는다. 확신을 과감히 던져 버리고 무엇이든 실험해 보는 것이 중요하다.

암컷에게 페니스가?

〜〜〜

이 장에서 살펴본 것처럼 암컷 입장에서 교미를 바라보는 것은 교미기의 진화를 이해하는 데 꼭 필요하다. 암컷 교미기는 부드러워서 관찰하기 어렵기 때문에 충분히 연구되었다고 할 수는 없다. 최근에 논문의 경향을 분석한 보고에서도 암컷 교미기를 다룬 연구는 여전히 적고 수컷에 대한 편견이 해소되지 않았다는 지적을 했다.

이 책을 마무리하기 전에 암컷의 중요성을 알게 해 줄 소중한 곤충을 소개한다. 이름은 '네오트로글라Neotrogla'이다. 다듬이벌레의 일종인 이 곤충은 놀랍게도 암컷이 수컷 교미기인 페니스를 가지고 있다!

다듬이벌레는 우리 가까이 있지만 잘 알려지지 않은 곤충이다. 과자나 곡물 등을 약간 습한 장소에 보관해 두면 순식간에 작은 벌레가 생기는데 그 대부분이 다듬이벌레다. 하지만 모두 해충이라고 할 수는 없고 이들 대부분은 야외에서 마른 잎에 핀 곰팡이 등을 먹으며 조용히 살아간다.

네오트로글라는 브라질의 몇몇 동굴에만 서식한다. 이 벌레의 놀라운 생태를 2014년에 보고한 사람은 다듬이벌레를 전문적으로 연구했으며 곤충의 계통진화 분야 전문가인 홋카이도대학 소속 과학자 요시자와 가즈노리 씨다. 그는 홋카이도대학 시절에 내 맞은편 연구실에 있었던 인연으로 나도 도움을 받은 적이 있다.

이 곤충 암컷의 교미기는 도대체 어떻게 사용될까? 요시자와 씨의 지휘에 따라 이 곤충을 최초로 발견한 브라질 라브라스대학 로드리고 페레이라 교수는 동굴에서 교미하고 있는 이 곤충을 발견하고 고정시켜 보았다. 이 실험에서는 물을 끓여 열탕으로 고정시키는 방법을 사용했다. 이들의 교미 모습을 관찰해 보니 암컷이 수컷 등에 올라타 수컷 등에 있는 좁은 생식구에 교미기를 멋지게 삽입시켜 교미하는 것이었다.그림 5-8, 위

지금까지 4종의 네오트로글라가 보고되었다. 암컷의 교미기 구조는 종류에 따라 다르며 날카로운 가시 다발이 여러 개 있는 유형도 있고, 단순한 유형도 있다.그림 5-9, 왼쪽

놀랍게도 수컷에게는 교미기에 해당하는 구조가 전혀 없고 그 대신 암컷 교미기의 가시 뭉치를 막아 주는 주머니가 있다. 상처는 발견되지 않았지만 초파리에게서 관찰된 현상이 수컷과 암컷이 뒤바뀐 상태로 관찰되었다.

왜 이런 역전 현상이 일어난 걸까? 그 비밀을 찾기 위해 요시자와 씨와 나는 2016년 3월 지구 반대편으로 갔다. 광대한 사바나를 자동차로 계속 달려간 끝에 도착한 브라질의 동굴은 고대인들의 뼈와 벽화가 남아 있는 메마른 환경이었다.그림 5-8. 아래 먹이가 될 만한 것이라고는 기껏해야 박쥐와 설치류의 배설물 정도였다.

그런 환경에 서식하는 네오트로글라의 교미 시간은 평균 50시간으로 엄청나게 길다. 그 사이 정자를 품은 거대한 정포가 수컷에서 암컷에게로 전달된다.그림 5-9. 오른쪽 게다가 암컷은 그 거대한 정포 두 개를 동시에 보관할 수 있는 새로운 구조로 정자낭을 진화시켰다.

여기서 다시 한 번 '수컷·암컷의 원칙'을 되돌아보자. 수컷은 많은 암컷과 교미하면 자손이 더 늘어나지만 암컷은 자주 교미를 해도 자손 수가 더 늘지 않는다. 이것이 일반적으로 암컷보다 수컷이 교미에 더 적극적인 이유다.

| **그림 5-8** | 교미 중인 네오트로글라 한 쌍(위)과 네오트로글라가 서식하는 브라질의 동굴(아래)

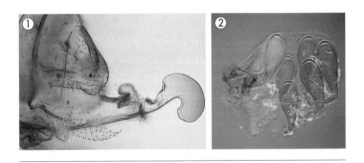

| **그림 5-9** | ① 이상하게 생긴 네오트로글라 암컷 교미기 ② 암컷의 정자낭에 들어 있던 수많은 거대 정포

그런데 수컷이 정자뿐만 아니라 대량의 영양물질도 함께 암컷에게 준다면 얘기가 달라진다. 암컷은 많이 교미할수록 자손의 수가 증가하고, 반대로 수컷은 영양 공급 문제로 여러 암컷과 계속적으로 교미하기 어려워진다. 수컷이 많이 투자할수록 암수의 성적 역할이 역전되는 현상이 일어난다. 즉 수컷을 차지하기 위해 암컷끼리 경쟁하는 경우가 생기는 것이다.

네오트로글라는 영양물질이 부족한 동굴에 서식하므로 수컷에게 받는 영양(거대 정포)이 암컷에게 매우 중요하다. 이것이 암수 역전의 열쇠라는 사실에 주목하고 현재 연구를 진행 중이다.

'페니스를 가진 암컷'을 발견했다는 소식은 SNS나 뉴스로 퍼져 나가며 많은 혼란을 불러왔다. '페니스를 가지고 있는 쪽을 수컷이라고 해야 하는 것이 아닌가?'라는 생각 때문이다. 이 생각이 틀렸다는 것을 여기까지 읽은 독자 여러분은 알 것이다.

그런데 이 정도 대발견에도 일본 주요 언론에서 보인 반응은 대체로 싸늘했다. '조간신문에 페니스를 언급하는 것은 적합하지 않다'는 것이다. 가십거리는 보도하면서 성을 과학적인 관점에서 생각해 볼 기회는 제공하지 못하겠다니. 에휴!

브라질의 광대한 대지에서조차 온전한 자연이 줄어들고 있다는 사실을 3000킬로미터 거리를 운전하면서 실감했다. 네오트로글라처럼 생물의 본질을 생각하게 해 주는 곤충이 아무에게도 알려지지 않은 채 지구에서 사라질 수도 있다.

교미기 연구는 모든 이름 없는 곤충들에 대해서도 생각해 볼 가치가 있다고 말해 준다.

맺으며

독자들이 곤충들의 교미 세계를 엿보면서 그들만의 특별한 사랑을 재미있게 읽었을지 궁금하다.

생물학은 그 형태를 보는 데서 시작했다. 형태학은 오래된 학문이다. 그 후 생화학과 분자생물학의 융성을 거쳐 최근에는 다시 형태 연구가 검토되기 시작했다.

분자 연구로 다양성 이해의 시대로 접어들어 생물 간 형태의 차이를 유전자 수준에서 이해하는 것도 가능해졌다. 동시에 CT 촬영과 레이저 광선을 이용한 미세 수술 등 형태를 보고 만지기 위한 도구도 빠른 속도로 발전하고 있다. 교미기 연구도 '형태 과학의 르네상스'라는 거대한 흐름 속에 있다.

하지만 곤충 교미기 연구에 흥미가 있다면 현미경을 비롯한 최소한의 기구만 가지고도 누구나 나름대로 수수께끼를 풀 수 있다고 나는 생각한다.

예를 들어 '큰집게벌레의 왼쪽 교미기는 사용할 수 있을까?' 라는 질문에 돈과 시간을 들여서 DNA를 조사해도 확실한 대답이 나오지 않을 것이다. 그런데 수술로 오른쪽 교미기를 제거해보면 (익숙해지면 육안으로도 가능하다!) 순식간에 수수께끼가 풀린다. 초등학생도 대발견을 할 수 있는 것이다.

그러나 교미기 연구는 아무래도 어느 정도는 개체의 희생이 따를 수밖에 없다. 그 죽음이 헛되지 않도록 최소한의 개체로 최대한의 데이터를 이끌어 내고, 무엇보다 성과를 제대로 발표하는 것이 중요하다.

'교미기는 다양한 삶의 모습을 비추는 거울이며, 수컷과 암컷이 서로 대항하면서 그 역할이 흔들리기도 한다.'

지금까지 이 책에서 살펴보았듯이 이것이 교미기가 다양화하는 주요 원인이다. 그러나 수수께끼 같은 교미기의 다양한 형태에 아름다운 설명이 부여되는 곤충은 극히 드물다. 점점 더 많은 형태를 접하고 거기에 감춰진 이야기를 캐낼 수 있다면 '생물의 다양성'이라는 말의 의미도 달라질 것이다. 새로운 연구 대상, 새로운 연구 기법을 계속 개척해 나가야 하는 이유다.

지금까지 한정된 지면에서 곤충 교미기 수수께끼를 풀어 나

가는 과정을 소개했다. 이 책에서 소개하지 못한 연구 문헌이 다수 있는데, 언급하지 못한 내용은 일본 잡지『곤충과 자연昆虫と自然』을 참조해 주었으면 한다. 2017년 1월호에서 교미기 진화를 특집으로 다루었다.

이 책에서 소개한 나의 연구도 결코 혼자 이룬 성과가 아니다. 이곳에 이름을 모두 거론할 수는 없지만 재학 중에, 직장 몇 군데를 옮겨 다니면서, 그리고 유학 시절에 신세를 진 모든 분께 감사드린다.

또 이 책이 나오기까지 총괄해 주신 이와나미쇼텐 편집부 시오타 하루카 씨의 노력과, 과학라이브러리 대히트작『완보동물 —작은 괴물クマムシ?!—小さな怪物』의 저자 스즈키 아쓰시 씨의 조언이 없었다면 이 책이 완성될 수 없었을 것이다. 그리고 매일같이 휘청거리는 발걸음으로 채집하러 다니는 나를 이해해 주는 가족들에게도 고맙다는 말을 전한다.

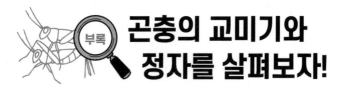

곤충의 교미기와 정자를 살펴보자!

귀뚜라미 수컷이 만드는 정포는 말하자면 일회용 교미기다.
수컷을 죽이지 않고도 정교하고 불가사의한 정포를 쉽게 관찰할 수 있다.

준비물

수컷

암컷

산란관

쌍별귀뚜라미는 애완동물 가게에서 구할 수 있다(한 마리에 몇백 원). 여기서 소개하는 관찰은 수컷 성충만 마련하면 가능하다. 수컷에게는 산란관이 없기 때문에 쉽게 구별할 수 있다.

필요한 도구

핀셋

돋보기

유리 접시
(뒤쪽에 검은 테이프를 붙인다)

모두 천원숍에서
구입 가능!

순서 ①

수컷의 복부를 가볍게 눌러 배 끝에 있는 정포(흰색, 오래되면 갈색)를 핀셋으로 잡는다. 이 정포는 다음 교미를 위해 수컷이 준비하고 있는 것이다. 교미 직후에는 아직 준비되지 않았을 수도 있기 때문에 하룻밤 암컷에게서 떼어 놓으면 좀 더 확실하게 볼 수 있다.

순서 ②

정포낭   교접판   정관

유리 접시에 수돗물을 한 방울 떨어뜨린 다음 정포를 올려놓고 관찰한다. 배경은 검은 것이 좋다(정포의 구조와 기능에 대해서는 제장 참조).

순서 ③

교접판에서 앞쪽에 달린 정관을 핀셋으로 꺾어 보자. 정자가 방출되는 것을 관찰할 수 있다.

정자

발전

실체현미경이 있으면 돋보기보다 자세하게 관찰할 수 있다. 광학현미경이 있으면 정자 하나하나까지 볼 수 있다.

수컷과 암컷을 함께 시험하면 구애하는 모습과 교미하는 모습을 모두 관찰할 수 있다.

교미 후 암컷의 체내에서도 정포에 달린 정관이 꺾여야 정자가 방출되는데……. 왜 그럴지? 파편은 어떻게 될까? 사실 아직 모른다.

이렇게 우리와 가까운 곳에도 연구 주제는 널려 있다!

그림 출처와 참고 문헌

그림 출처

퀴즈 D Y. Kamimura, *Insectes Sociaux* 55, 2008, pp.51~53 수정 인용.

그림 1-3 ③ H. Sturm, *Zeitschrift für Tierpsychologie* 13, 1956, pp.1~11 수정 인용.

그림 1-4 왼쪽 M. Grandi, *Bollettino dell'Istituto di Entomologia della Universita degli Studi di Bologna* 12, 1940, pp.1~62 바탕으로 작성.

그림 1-4 가운데·오른쪽 P. Brinck, *Opuscula entomologica* 22, 1957, pp.1~37 바탕으로 작성.

그림 1-7 河合正人 제공

그림 2-6 R. E. Snodgrass, *Smithsonian Miscellaneous Collections* 104, 1947, pp.2~89 바탕으로 작성.

그림 2-8 安達卓 제공

그림 3-2 ① ② Y. Kamimura, "What is indirect cryptic female choice? Theoretical considerations and an example from a promiscuous earwig," in A. V. Peretti and A. Aisenberg(eds.), *Cryptic Female Choice in Arthropods—Patterns, Mechanisms and Prospects*, Springer, 2015, pp.255~283 수정 인용.

그림 3-2 ③, 그림 3-4 오른쪽 Y. Kamimura, *Zoological Science* 17, 2000, pp.667~672 수정 인용.

그림 3-3 오른쪽, 그림 5-4 Y. Kamimura, *Animal Behaviour* 85, 2013, pp.377~383 수정 인용.

그림 3-4 ① Y. Kamimura, *Journal of Ethology* 21, 2003, pp.29~35 수정 인용.

그림 3-5 Y. Kamimura, *Journal of Morphology* 267, 2006, pp.1381~1389 수정 인용.

그림 3-6 Y. Kamimura, *Entomological Science* 17, 2014, pp.139~166 수정 인용.

그림 4-1, 그림 4-2, 그림 4-8 Y. Kamimura, *Biology Letters* 3, 2007, pp.401~404 및 上村佳孝・三本博之,『低溫科學』69, 2011, pp.39~50 수정 인용.

그림 4-5, 그림 4-6 Y. Kamimura *et al*. *PLoS ONE* 9, 2014, e89265 수정 인용.

그림 4-7 Y. Kamimura, *Zoomorphology* 129, 2010, pp.163~174 수정 인용.

그림 5-5 Y. Kamimura, *Behavioral Ecology and Sociobiology* 66, 2012, pp.1107~1114 수정 인용.

그림 5-6 Y. Kamimura and H. Mitsumoto, *Entomological Science* 15, 2012, pp.197~201 수정 인용.

그림 5-7 Y. Kamimura, *Evolution* 70, 2016, pp.1674~1683 수정 인용.

그림 5-8 위, 그림 5-9 K. Yoshizawa *et al*. *Current Biology* 24, 2014, pp.1006~1010 수정 인용.

앞표지/차례/각 장 표지 그림, 그림 1-3 ③, 그림 1-4 오른쪽, 그림 1-5 위, 그림 1-6, 그림 2-1 ① 大片忠明.

포유류의 교미기 M. N. Simmons and J. Stephen Jones, *Journal of Urology* 177, 2007, pp.1625~1631 및 M. J. Anderson, *International Journal of Primatology*, 2000, pp.815~835 바탕으로 작성.

포유류의 실루엣 agrino, basel101658, captainvector, vukam, farinosa/123RF.

참고 문헌

上村佳孝・林文男・松村洋子・山田量崇・奥崎穣,「特集 交尾器の進化生物學」,『昆虫と自然』, 52(1), ニュ…ー・サイエンス社, 2017, pp.2~20.

　이 책에서 거론하지 못한 일본의 곤충 교미기 연구를 많이 소개했다.

メノ・スヒルトハウゼン, 田沢恭子 譯, ダーウィンの覗き穴: 性的器官はいかに進化したか, 早川書房, 2016.

　곤충 이외의 재미있는 사례에 대해서 상세히 기술했다.

吉澤和徳,「メスペニス発見の経緯と進化學へのインパクトおよび昆虫の交尾ペアの観察手法の紹介」,『昆蟲(ニューシリー)』18, 日本昆虫學会, 2015, pp.8~16.

　네오트로글라에 대해 자세히 설명하고, 교미 중인 곤충 한 쌍을 관찰하는 새로운 방법을 소개했다.

曾田貞滋 編,『新オサムシ學―生態から進化まで』(環境Eco選書), 北隆館, 2013.

　딱정벌레 암컷과 수컷 교미기의 진화를 상세하게 기술했다.

粕谷英一・工藤慎一 編,『交尾行動の新しい理解理論と實証』, 海游舎, 2016.

　최신 성선택 이론에 관해 상세히 기술했다. 전문적으로 배우고 싶은 독자에게 추천한다.

W. G. Eberhard, *Sexual Selection and Animal Genitalia*, Harvard University Press, 1985.

　교미기 진화에 관한 방대한 사례를 모은 책으로, 연구자들의 지침서다.

_____, *Female control: sexual selection by cryptic female choice*, Princeton University Press, 1996.

　위의 책과 마찬가지로 연구자들의 지침서다.

W. R. Rice and S. Gavrilets(eds.), *The genetics and biology of sexual conflict*, Cold Spring Harbor Laboratory Press, 2014.

성적 대립에 관한 전문적인 논문집이다.

D. M. Shuker and L. W. Simmons(eds.), *The evolution of insect mating systems*, Oxford University Press, 2014.

곤충의 교미 행동의 진화에 관한 전문적인 책이다.

연구 조성

이 책에 소개한 본인의 연구 및 집필은 과학 연구비 보조금(No.02404, 16770017, 19770046, 22770058, 15K07133[이상은 본인이 대표], 15H04409[요시자와 가즈노리 씨가 대표])의 보조를 받았다.

이상할지 모르지만 과학자입니다

곤충의 교미

1판 1쇄 인쇄 2019년 10월 8일
1판 1쇄 발행 2019년 10월 16일

지은이	가미무라 요시타카		
감수	최재천		
옮긴이	박유미	책임편집	김지은
펴낸이	김영곤	인문교양팀	장미희·전민지·박병익·김은솔
펴낸곳	아르테	교정	박서운
		디자인	스튜디오 비알엔

문학미디어사업부문
이사 신우섭
AC본부 본부장 원미선
영업 김한성·오서영·이광호
마케팅 도헌정·오수미·박수진
해외기획 장수연·이유경
제작 이영민·권경민

출판등록 2000년 5월 6일 제406-2003-061호
주소 (10881) 경기도 파주시 회동길 201(문발동)
대표전화 031-955-2100
팩스 031-955-2151
이메일 book21@book21.co.kr
ISBN 978-89-509-8358-1 04400
978-89-509-8364-2 (세트)

페이스북 facebook.com/21arte
블로그 arte.kro.kr
인스타그램 instagram.com/21_arte
홈페이지 arte.book21.com

아르테는 (주)북이십일의 문학·교양 브랜드입니다.

(주)북이십일 경계를 허무는 콘텐츠 리더

아르테 채널에서 도서 정보와 다양한 영상 자료, 이벤트를 만나세요!
방학 없는 어른이를 위한 오디오클립 〈역사탐구생활〉

이 책을 모두 이해하신 독자들에게

찬사를 보내며 한마디 덧붙이고자 합니다.

책을 덮는 순간 독자들은

'우리 주변에 있는 흔한 곤충들에 대해서도

모르는 점이 많구나'라고 느꼈을 것입니다.

그런데 곤충뿐만 아니라 포유류에도 수수께끼 같은

신비한 이야기들이 많이 있습니다.

이 책에 제시한 것은 그저 한 가지 사례일 뿐입니다.

아직 모르고 있는 부분은 다양한 책과 매체를 통해 독자들이

그 미지의 세계를 직접 열어 보시길 바랍니다.

포유류의 교미기

교미를 하는 동물은 교미기의 진화가 빠르고 근연종끼리도 형태가 상당히 다르다는 사실은 일반적으로 잘 알려져 있다. 포유류도 예외는 아니다.
여기서 설명하는 수컷 포유류 교미기 모양의 의의는 연구된 내용이 거의 없다. 수명이 긴 대형 동물을 다수 사육하기가 어렵고 실험동물로 취급하기에는 엄격한 법률상 제약이 있기 때문이다. 그 이유로 생물학 모든 분야에서 곤충이 중요한 모델 생물로 이용되고 있다.

가시를 많이 가지고 있다. 이는 정소에서 분비되는 호르몬의 영향으로 발달하기 때문에 중성화수술을 받은 수컷에게서는 볼 수 없다. 교미할 때 암컷을 해칠 가능성도 있지만 실제로 그런지는 알 수 없다.

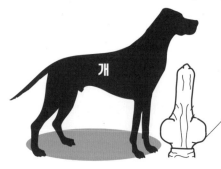

교미기의 돌출부는 교미 중에 팽창해서 교미가 끝날 때까지 암수가 떨어질 수 없다. 비슷한 현상이 장수풍뎅이에서도 관찰된다.

와인 따개처럼 꼬여 있는데 왜 그런지는 알 수 없다. 멧돼지뿐만 아니라 가축화된 돼지도 말단 부분이 뒤틀려 있다.

교미기에 있는 갈퀴는 교미할 때 암컷 몸에 거는 기능을 하는 것으로 추측된다.

산미치광이

말단 부분이 가느다란 이상한 모양인데 그 역할은 명확하지 않다. 1분 이내에서 몇 분 사이의 짧은 교미 시간과 관계가 있을 수 있다.

양

왈라비

매우 단순하다. 상세한 것은 알 수 없다.

야행성 원숭이류. 곤충과 마찬가지로 근연종끼리도 형태가 다양하다.

갈라고

나는 관찰과 실험을 거듭하면 할수록

내가 확인하고 해석하는 내용에 대해

나날이 회의적이 되어 갔으며,

내가 직접 제안해야 할 것에는 주저하게 되었고,

그리하여 그럴지도 모른다는 애매한 먹구름 속에

큰 의문부호만 우뚝 솟아 있다는 것을

더욱 확신하게 되었다.

– 미타 요시히코·하야시 다쓰오 옮김,

『완역 파브르 곤충기 3』에서